Arnulf Klemens Hörtnagl

Systembetrachtung der Korrosionsbeständigkeit an geschliffenen Oberflächen von metastabilen Austeniten

Systembetrachtung der Korrosionsbeständigkeit an geschliffenen Oberflächen von metastabilen Austeniten

Arnulf Klemens Hörtnagl

Universitätsverlag Ilmenau
2022

Impressum

Bibliografische Information der Deutschen Nationalbibliothek
Die Deutsche Nationalbibliothek verzeichnet diese Publikation in der Deutschen Nationalbibliografie; detaillierte bibliografische Angaben sind im Internet über http://dnb.d-nb.de abrufbar.

Diese Arbeit hat der Fakultät für Maschinenbau der Technischen Universität Ilmenau als Dissertation vorgelegen.

Tag der Einreichung:	21. Dezember 2020
1. Gutachter:	Prof. Dr.-Ing. habil. Dr. h.c. Heinrich Kern (Technische Universität Ilmenau)
2. Gutachter:	Prof. Dr.-Ing. habil. Jean Pierre Bergmann (Technische Universität Ilmenau)
3. Gutachter:	Prof. Dr.-Ing. Dr. h.c. Privatdozent Paul Gümpel (HTWG Konstanz)
Tag der Verteidigung:	08. September 2021

Technische Universität Ilmenau/Universitätsbibliothek
Universitätsverlag Ilmenau
Postfach 10 05 65
98684 Ilmenau
https://www.tu-ilmenau.de/universitaetsverlag

ISBN 978-3-86360- 251-2 (Druckausgabe)
DOI 10.22032/dbt.50169
URN urn:nbn:de:gbv:ilm1-2021000297

Titelgrafik: Veit Henkel | Fakultät für Maschinenbau, TU Ilmenau

Inhaltsverzeichnis

Danksagung

Die Anfertigung der Dissertation erfolgte unter Betreuung und Erstberichterstattung von Herrn **Prof. Dr.-Ing. habil. Dr. h.c. Heinrich Kern** / Fachgebiet Metallische Werkstoffe und Verbundwerkstoffe an der Technischen Universität Ilmenau, der es mir ermöglichte, meine Promotion auf dem Gebiet metastabilen austenitischen Chrom-Nickel-Stähle durchzuführen. Die Zweitberichterstattung und fachliche Vorortbetreuung wurde von Herrn **Prof. Dr.-Ing. Dr. h.c. Paul Gümpel** / Institut für Werkstoffsystemtechnik an der HTWG Konstanz durchgeführt.

Die Realisierung der Arbeit erfolgt als Mitarbeiter am Institut für Werkstoffsystemtechnik Thurgau an der Hochschule Konstanz.

Ein besonderer Dank gilt Herrn **Johann Noichl** und Herrn **Dr.-Ing Markus Weiss**, welche die Herstellung der für diese Arbeit spezifisch ausgelegten Schleifwerkzeuge als auch die Nutzung des Maschinenparks im Technikum der Tyrolit Schleifmittelwerke Swarovski KG in Schwaz in Tirol / Österreich ermöglichten.

Die Erwähnung aller Personen, die mir im Rahmen dieser Dissertation mit Rat und Tat zur Seite gestanden haben, wäre sicherlich nicht vollständig. So sollen an dieser Stelle keine weiteren Namen genannt werden.

Der herzliche Dank sei an alle gerichtet, die mich bei der Erstellung dieser Arbeit in jeder Hinsicht unterstützt haben.

Abstract

Due to their beneficial resistance to corrosion and the ductility of the austenitic phase, CrNi steels are found in a wide range of applications. The ability to form a stable passive layer is based in particular on the amount of chromium in the respective alloy.

Further factors influencing the corrosion behaviour of CrNi steels are known from a large number of scientific studies. This thesis deals explicitly with the effects of cold forming in combination with the generated component surface due to different processing methods. To consider the interaction of these two factors, two metastable austenitic steels were used, which have an almost identical corrosion resistance (according to PREN), but whose austenitic stability (according to M_{d30}) is different.

By multi-stage cold rolling, different degrees of deformation could be achieved on sheet steel. The different surface finishes were-produced by metallographic preparation or by use of a surface grinding machine in a technical centre. The metallographic preparation leads to ground, polished or electro-polished surface finishes. For the surface grinding process, specimens were treated with silicon carbide or corundum as abrasive.

The corrosion behaviour was determined by means of various electrochemical measuring methods such as potentiodynamic measurements and determination of the current noise. For the characterization of the generated surfaces different analysis methods were applied, especially the tactile and optical determination of the surface roughness as well as the examination by means of images created with the SEM. The influence of cold forming on the present microstructure, which led to a pronounced formation of α'-martensite, was determined by conventional metallography, EBSD measurements and magneto-inductive measurements.

With regard to the corrosion behaviour achieved, the influence of both factors is evident. The change in mechanical properties due to cold forming can be identified as the dominant influence on the generated surface topography. This results in an opposite trend of the corrosion behaviour for ground surfaces due to the degree of deformation than for polished or electropolished surfaces.

Zusammenfassung

Wegen ihrer Beständigkeit gegen Korrosion sowie der guten Umformbarkeit sind austenitische CrNi-Stähle in einer Vielzahl von Anwendungen anzutreffen. Die Fähigkeit zur Ausbildung einer stabilen Passivschicht beruht dabei insbesondere auf dem Anteil an Chrom in der jeweiligen Legierung.

Der Einfluss weiterer Faktoren auf das Korrosionsverhalten von CrNi-Stählen wird in einer Vielzahl von wissenschaftlichen Arbeiten behandelt. Die vorliegende Arbeit befasst sich explizit mit der Auswirkung einer erfolgten Kaltumformung und der erzeugten Bauteiloberfläche infolge unterschiedlicher Bearbeitungsverfahren auf das Korrosionsverhalten. Zur Betrachtung der Wechselwirkung dieser beiden Faktoren wurden zwei metastabile austenitische Stähle herangezogen, welche eine nahezu identische Korrosionsbeständigkeit (gem. PREN) aufweisen, aber deren Austenitstabilität (gem. M_{d30}) unterschiedlich ist.

Durch Kaltwalzen wurden an Blechmaterial verschiedene Umformgrade erzielt. Die Differenzierung in den Oberflächenausführungen wurde anschließend durch metallografische Präparation oder durch Plan-Umfangs-Längsschleifen erzeugt. Die metallografische Präparation führte zu geschliffenen, polierten oder elektropolierten Oberflächen. Für den maschinellen Flachschleifprozess wurden jeweils Oberflächen mit Siliziumkarbid oder mit Korund als Schleifmittel bearbeitet. Die Bestimmung des Korrosionsverhaltens erfolgte mittels verschiedener elektrochemischer Messmethoden. Zur Charakterisierung der erzeugten Oberflächen wurden unterschiedliche Analysemethoden angewendet, insbesondere die taktile und optische Bestimmung der Oberflächenrauheit sowie die Untersuchung mittels REM-Aufnahmen. Der Einfluss der Kaltumformung auf das vorliegende Gefüge, die zu einer ausgeprägten Bildung von α'-Martensit führte, wurde durch konventionelle Metallografie, EBSD-Messungen und magnetinduktive Messungen erfasst.

Die mechanischen Eigenschaften infolge der Kaltumformung können als dominanter Einfluss auf die erzeugte Oberflächentopografie nachgewiesen werden. Hieraus folgt mit steigendem Umformgrad ein entgegengesetzter Trend des Korrosionsverhaltens für geschliffene Oberflächen im Vergleich zu den polierten oder elektropolierten Oberflächen.

1 Einleitung

In der Gruppe der korrosionsbeständigen Stähle finden sich Werkstoffe mit unterschiedlichsten Anwendungsprofilen, wobei alle die namensgebende Eigenschaft gemeinsam haben. Die austenitischen Chrom-Nickel-Stähle (kurz CrNi-Stähle) nehmen dabei eine besondere Rolle ein, da sie durch die angewendeten Legierungslagen eine ausreichende bis hohe Korrosionsbeständigkeit und durch das vorliegende kubisch-flächenzentrierte Raumgitter (kfz) auch ein gutes Umformverhalten vereinen.

Die durch Kaltumformung auftretenden Verformungs- und Verfestigungsmechanismen können für deren praktische Anwendung sowohl als technologischer Vorteil als auch als Einschränkung für die Fertigungstechnik gesehen werden. Abhängig von der Legierungslage werden unterschiedliche Effekte aus diesem metastabilen Zustand heraus nutzbar, sodass exemplarisch der Einsatz von TRIP (Transformation Induced Plasticity) und TWIP-Stählen (Twining Induced Plasticity) insbesondere für die Leichtbauanwendung eine gezielte Anpassung der mechanisch-technologischen Eigenschaften von Bauteilen und Baugruppen bietet.

Erfolgt eine plastische Verformung an einem traditionellen austenitischen CrNi-Stahl des Typs 1.4301/X5CrNi18-10 mit 18 Prozent Chrom und 8 Prozent Nickel, kann eine martensitische Phasenumwandlung stattfinden, da die austenitische Phase bei diesen Legierungslagen und Raumtemperatur keine ausreichende thermodynamische Stabilität aufweist. Die Austenitphase liegt infolge der Herstellung und der chemischen Zusammensetzung bei diesem Werkstoff als metastabile Phase vor. Infolge von Kaltumformung bildet sich dehnungsinduzierter α‘-Martensit aus. Eine starke Kaltumformung kann eine erhebliche Steigerung der Streckgrenze auf bis zu 2000 MPa bewirken. Im Vergleich hierzu liegt im lösungsgeglühten Zustand bei einem Stahl des Typs 1.4301/X5CrNi18-10 die Streckgrenze bei ca. 250 MPa. Gleichzeitig erfolgt neben der Steigerung der Streckgrenze infolge der Bildung von α‘-Martensit eine deutliche Reduktion der Bruchdehnung sowie eine Erhöhung der Härte.

Für die Fertigungstechnik führt diese Veränderung der mechanischen Eigenschaften auch zu einer deutlichen Veränderung der vorliegenden Schnittkräfte bei spanabhebender Bearbeitung. Am Beispiel der gängigen Oberflächenklassifizierung von geschliffenen Edelstahloberflächen über die Körnung des eingesetzten Schleifwerkzeuges, wie exemplarisch in DIN EN 10088-4:2010-01 [DIN EN 10088-4] aufgeführt ist, ist zu erkennen, dass eine Berücksichtigung unterschiedlicher Umformgrade des zu bearbeitenden Werkstoffes nicht standardisiert erfolgt. Dabei wird der vorliegenden Oberfläche bei einem nichtrostenden Stahl neben der Legierungszusammensetzung eine entscheidende Bedeutung in Bezug auf die Korrosionsbeständigkeit beigemessen.

Der Einfluss der Kaltumformung auf die Korrosionsbeständigkeit bei metastabilen austenitischen CrNi-Stählen wird in unterschiedlichen Literaturstellen kontrovers diskutiert. Unterschiedliche Autorinnen und Autoren verweisen hierzu auf verschiedene, teils auch gegenläufige Einflussfaktoren.

Eine systematische Betrachtung der erzielten Oberflächentopografie infolge verschieden schleif-technisch bearbeiteter Oberflächen und an unterschiedlichen Umformgraden existiert bisweilen nicht. Die vorliegende Arbeit widmet sich dieser Betrachtung, um das Zusammenspiel zwischen den Einflussfaktoren zu beleuchten. Als zusätzliche Variation erfolgt die schleiftechnische Bearbeitung mit zwei unterschiedlichen Abrasivstoffen, Silziumkarbid und Korund. Der Fokus liegt auf der Identifikation des Zusammenhangs zwischen der erzielten Bauteiloberfläche und der Korrosionsbeständigkeit. Hierzu werden am Beispiel der Werkstoffe 1.4301/X5CrNi18-10 und 1.4310/X10CrNi18-8 unterschiedliche Oberflächenausführungen mit unterschiedlichen Umformgraden mittels elektrochemischer Korrosionsmessung zur Bestimmung des kritischen Lochfraßpotentials sowie des Ruhe- und Repassivierungspotentials in NaCl-Lösungen untersucht. Um der verstärkten Neigung zur Ausbildung von Spaltkorrosion bei der elektrochemischen Messung entgegen zu wirken, werden die angewendeten Versuchsparameter anhand von Referenzversuchen bestimmt. Die Messung des Stromrauschens wird zur Abgrenzung von metastabilen und stabilen Lochwachstum im Frühstadium der Lochkorrosion angewendet und rundet die eingesetzten Methoden der Korrosionsmessung ab. Da der Einfluss der Bauteiloberfläche als entscheidend für die erzielte Korrosionsbeständigkeit gilt, erfolgt eine Gegenüberstellung unterschiedlicher Oberflächenzustände in Bezug auf die angewendete Oberflächenbearbeitung. Die Charakterisierung der erzeugten Topografie erfolgt taktil, optisch und mittels Rasterelektronenmikroskopie.

Ausgewählte Beispiele werden herangezogen, um sowohl den Einfluss der vorliegenden Kaltumformung als auch den Einfluss der Oberflächenbearbeitung aufzuzeigen. Es ist zu erkennen, dass in der Anwendung durch eine Anpassung der Schleifparameter auch bei erhöhtem Vorkommen von α'-Martensit eine Steigerung der Korrosionsbeständigkeit möglich ist.

2 Stand der Forschung

Im folgenden Kapitel werden zunächst die allgemeinen Grundlagen der korrosionsbeständigen Stähle sowie im Speziellen deren Passivität und Korrosionsverhalten beschrieben.

Der Einfluss der Kaltverformung auf austenitische korrosionsbeständige Stähle wird anhand von ausgesuchten wissenschaftlichen Arbeiten aufgezeigt. Des Weiteren erfolgt eine Darstellung von ausgewählten Aspekten der Oberflächenbearbeitung mittels Schleifen dieser Werkstoffe und deren technologischen Grundlagen.

2.1 Korrosionsbeständige Stähle

Die Benennung dieser Werkstoffgruppe erfolgt in Anlehnung an die Norm DIN EN 10088-1 [DIN100881] als „nichtrostende Stähle“. Diese Bezeichnung ist allerdings irreführend, da je nach vorliegendem System sehr wohl ein korrosiver Angriff entsprechender Werkstoffe erfolgen kann. Auch die häufig anzutreffende Bezeichnung „Edelstahl Rostfrei“ ist in diesem Zusammenhang zwar etabliert, fachlich aber unter Umständen widersprüchlich [ISER968, ISER984]. In der Fachwelt ist der Begriff „Nichtrostende Stähle“ allerdings für diese Werkstoffgruppe gängig, was insbesondere in besagter Norm hervorgehoben wird.

2.1.1 Einteilung korrosionsbeständiger Stähle

Die Einteilung korrosionsbeständiger Stähle als Eisen-Chrom-Legierung, welche einen Mindestgehalt von zirka 12 Gewichtsprozent Cr besitzen, erfolgt gemäß der gängigen Unterteilung von korrosionsbeständigen Stählen nach deren Gefügeaufbau. Dieser ist in erster Linie auf die angewandten Legierungselemente zurückzuführen. Die im reinen Eisen vorliegende kubisch-raumzentrierte Phase α-Eisen und die kubisch-flächenzentrierte Phase γ-Eisen werden, hinsichtlich deren Beständigkeit als stabile oder metastabile Phase, durch die in der Literatur als Ferritbildner (Bsp. Cr, Mo, V, Al, Ti, P, Si) oder als Austenitbildner (Bsp. Ni, Co, Mn, N, C) bekannten Legierungselemente ergänzt [M821].

Als polymorphe Legierungen ist es bei Stählen möglich, durch thermische oder thermomechanische Behandlungen weitere Gefügezustände zu erzielen. Die Einteilung erfolgt wie in *Abbildung 1* dargestellt in ferritische, martensitische, austenitische und ferritischaustenitische Stähle. Aus den daraus resultierenden Gefügeaufbauten können somit maßgeblich verschiedene technische Eigenschaften erzielt werden [Gue07]. Durch die unterschiedliche Umformbarkeit jeweilig vorliegender Phasen oder Gittertypen können nicht nur die daraus resultierende Härte, Zugfestigkeit und Streckgrenze, sondern auch deren Duktilität und Zähigkeit beeinflusst werden.

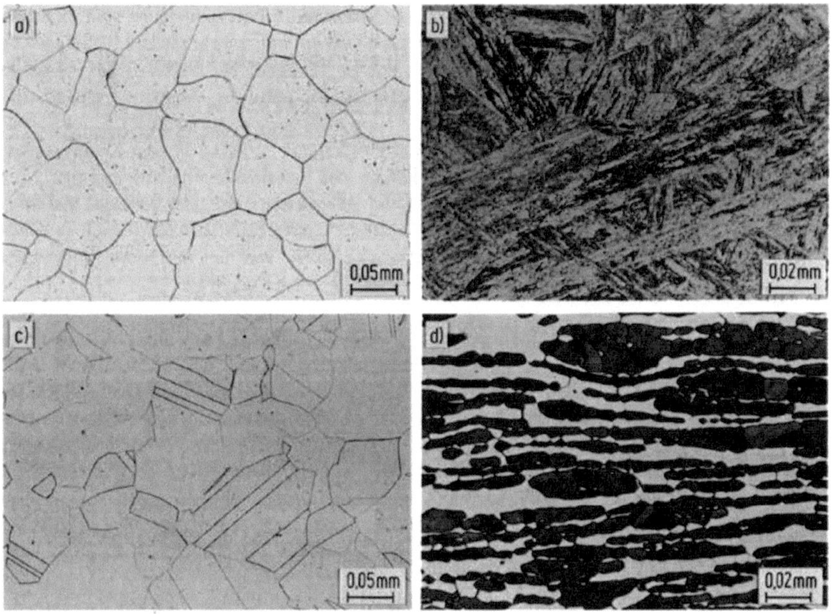

Abbildung 1: Beispiele für eine typische Gefügeausbildung bei verschiedenen Stahlsorten: a) ferritisches Gefüge des Werkstoffes 1.4511; b) martensitisches Gefüge des Werkstoffes 1.4313; c) austenitisches Gefüge des Werkstoffes 1.4301; d) austenitisches-ferritisches Gefüge des Duplexstahls 1.4462 [MB821]

Um anhand der Legierungszusammensetzung Aufschluss über die vorliegende metallische Phase zu bekommen, kann das Gefüge-Diagramm nach Schaeffler [Sch49] oder das Gefügeschaubild nach Strauss und Maurer [Gue07] angewandt werden. Zur Orientierung wird in *Abbildung 2* die Legierungszusammensetzung am Beispiel von CrNi-Stähle mit 0,2 % C dargestellt. Zu beachten ist, dass dabei die gezielte Beeinflussung des vorliegenden Gefüges durch thermische und thermomechanische Behandlungen bei der Erzeugung von Halbzeugen oder Produkten nicht berücksichtigt wird [Sch49, Wen36, Sch55, Gue07].

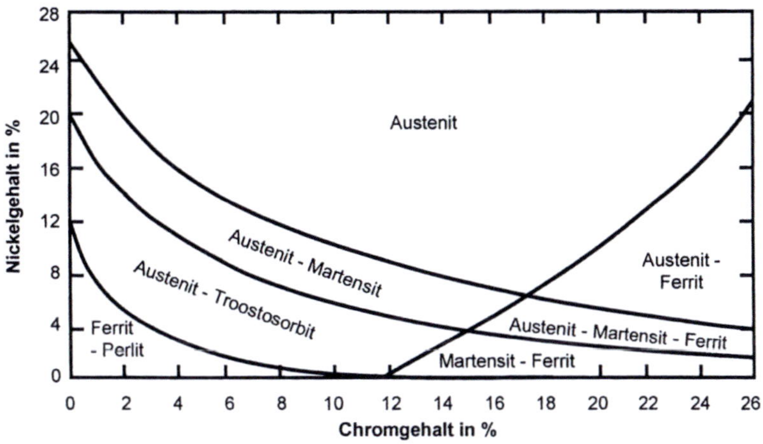

Abbildung 2: Gefügeschaubild nach Strauss und Maurer für CrNi-Stähle mit 0,2 % C [Gue07]

2.1.2 Passivität

Die Fähigkeit zur Unterbindung von starker Metallauflösung durch Bildung einer schützenden Passivschicht ist gleichzeitig auch der Namensgeber der Werkstoffgruppe der nichtrostenden Stähle. Ab einer ausreichenden Menge an metallischem Chrom in der Legierung ist es dem Werkstoff auch bei mechanischer Verletzung möglich, eine schützende Passivschicht auszubilden bzw. diese zu erneuern, wie schematisch in *Abbildung 3* dargestellt ist.

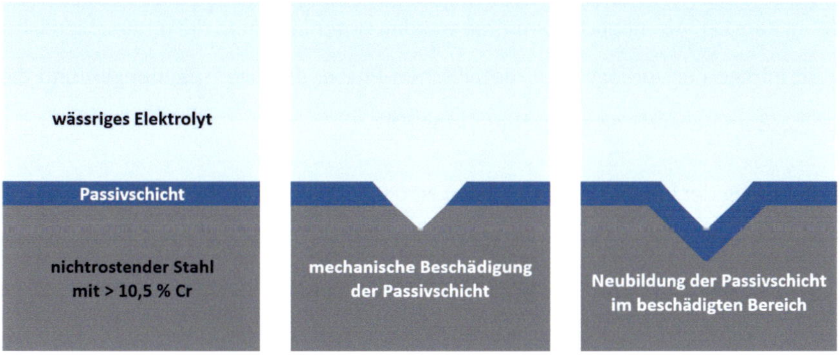

Abbildung 3: Systematik des Schutzmechanismus einer Passivschicht von nichtrostenden Stählen nach einer mechanischen Beschädigung in einem wässrigen Elektrolyten [Ros17]

Als ausreichend wird hier je nach Literaturstelle ein Massenanteil von mindestens 10,5 Prozent, meist jedoch 12 Prozent Chrom angesehen, wobei das Chrom nicht in Form von

Ausscheidungen gebunden sein darf. Unter idealen Bedingungen an Luft und Raumtemperatur stellt sich dadurch ein thermodynamisch stabiler Zustand ein, welcher die Korrosion und auch den Massenverlust von Bauteilen vermeidet [Wil71, Gal76, Sat82, Cie84, Gue07]. Grundsätzlich wird in der Literatur in diesem Zusammenhang nicht differenziert, ob der vorliegende Werkstoff vorwiegend als Ferrit oder Martensit in Form eines kubisch-raumzentrierten Gitters (krz), als Austenit in Form eines kubisch-flächenzentrierten Gitters (kfz), oder als ferritisch-austenitischer Duplexstahl in gemischten Phasen vorliegt.

Als Maßstab für die erzielte Passivität werden primär die Legierungselemente des Werkstoffes angesehen. Das jeweilige Gefüge wird somit in weiterer Folge nur als Ergebnis der Legierungszusammensetzung und der eingesetzten thermischen und thermomechanischen Herstellverfahren angesehen. Eine inhomogene Verteilung von Legierungselementen in Form von Karbiden und inter-metallischen Phasen, wie sie beispielsweise infolge von thermischen Fügeprozessen auftreten können, hat einen erheblichen Einfluss, wird aber im Rahmen dieser Arbeit nicht weiter beleuchtet. Einzelne wissenschaftliche Arbeiten weisen darauf hin, dass das vorliegende Gefüge sich auf die Beständigkeit gegenüber Korrosion und die Fähigkeit zur Neubildung einer stabilen Passivschicht auswirken kann [Sat82, Cie84, Kam12, Leh16, Mon19]. Hintergrund ist, dass die Passivschicht nicht als statische Schicht anzusehen ist, sondern deren Eigenschaft einem Chemisorptionsfilm (O_2 bzw. OH^-) zuzuschreiben ist, welcher ein kinetisches Verhalten aufweist [Sto88, Mor94, Hey08m, Kam12]. Als mögliche Einflüsse werden unter anderem die unterschiedliche Diffusivität infolge der vorliegenden metallischen Phase, die Eigenspannungen und die Legierungszusammensetzung angesehen [Mon19].

Die Entstehung der Passivität erfolgt dabei an der Metalloberfläche in Form von einzelnen Keimstellen, welche hierzu einen energetisch günstigen Zustand aufweisen. Die Anwesenheit von Hydroxylgruppen begünstigt diesen Prozess [Oka73]. Diese wandeln sich unter idealen Bedingungen in eine geschlossene Oxidschicht um. Daraus entsteht eine Passivschicht aus dem Inneren der Oxidschicht, welche durch eine Hydroxylschicht bedeckt wird. Beobachtungen zeigen, dass in der medienseitigen äußeren Schicht ein deutlich erhöhter Gehalt an Chrom auftreten kann und das Eisen hierbei nahezu komplett verdrängt wird, was sich in dem entsprechenden Cr/Fe-Verhältnis widerspiegelt. Andere Legierungselemente wie Nickel kommen in einem idealisierten Modell der äußeren Passivschicht nicht vor [Gue07, Leh16, Ros17].

2.1.3 Korrosion in wässrigen Medien

Korrosion ist gemäß DIN EN ISO 8044 [DIN 8044] als physiochemische Wechselwirkung zwischen einem Metall und seiner Umgebung definiert, wobei hieraus auch eine Beeinträchtigung der Funktion einhergehen muss. Die Norm nimmt ergänzend Bezug darauf, dass diese Wechselwirkung meist elektrochemischer Natur ist. Wenngleich hier der direkte Bezug zu metallischen Werkstoffen aufgezeigt wird, ist Korrosion auch bei Nichtmetallen zu finden. Als kritische Medien, welche zur Korrosion von metallischen Werkstoffen führen können, zählen u.a. Gase bei hohen Temperaturen, Salz- und Metallschmelzen sowie wässrige Medien. Da in natürlicher Umgebung und bei technischen Anwendungen wässrige Medien sehr häufig auftreten können, kommt ihnen bei Korrosionsvorgängen von Metallen eine besondere Bedeutung zu.

Wie bereits oben aufgeführt, ist die Korrosion in wässrigen Medien auf elektrochemische Grundvorgänge zurückzuführen. Für ein metallisches Bauteil ergibt sich somit, dass das Metall als Elektronen- und ein darauf liegender Flüssigkeitsfilm als Ionenleiter dient. Der Stromfluss über das Metall und der Ionenaustausch über den Elektrolyten ist somit gewährleistet [Wil71].

Durch vorliegende Teilreaktionen an der Oberfläche in einem wässrigen Medium bei gleichzeitiger Anwesenheit von Sauerstoff wird eine aktive Metallauflösung bei nichtrostenden Stählen unterbunden. Dies ist allerdings nur möglich, wenn das Oxidationspotential anodischer ist als das Reduktionspotential. Infolge des umgebenden Mediums kann sich somit ein thermodynamisches Gleichgewicht einstellen. Bei unedlen Metallen und Legierungen ist die Situation umgekehrt: die Differenz der red/ox-Potentiale der beiden sich berührenden Phasen führt zu Metalloxidation. Die vorliegenden Umgebungsbedingungen sind somit entscheidend, ob eine Metallauflösung oder die Passivierung durch Oxidbildung als dominanter Prozess vorliegt. Wichtige Einflussfaktoren sind hierbei der medienseitige pH-Wert, die Sauerstoffkonzentration, das Redoxpotential sowie die lokal vorliegenden Legierungsgehalte auf Seiten des Werkstoffes. Ist die Passivierung nicht ausreichend oder liegt eine Schädigung der Passivschicht vor, folgt die Metallauflösung, welche wie nachfolgend exemplarisch aufgeführt ablaufen kann. [Sch68, Wil71, Sch02, Ros17].

Durch die anodische Teilreaktion *Gleichung (1)* erfolgt der Übergang von Eisenionen in die Lösung. Dabei findet Oxidation von metallischen Eisen statt. Durch die dabei stattfindende Elektronenreaktion ist die Möglichkeit zur elektrochemischem Messung von Korrosionsvorgängen gegeben. Parallel zur Reaktion der gemäß *Gleichung (1)* stattfindenden Oxidationsreaktion kann eine Redoxreaktion statt-finden, wie sie in *Gleichung (2)* aufgeführt ist. Dabei ist zu beachten, dass die Elektronen in diesem Fall von dem Metall in die Elektrolytlösung übertreten, wo sie in ein Oxidationsmittel reduziert werden. Dies kann bei einzelnen Korrosionsphänomenen zu lokal sehr hohen Konzentrationen an Protonen führen, was die Metallauflösung weiter beeinflusst. Für Umgebungsbedingungen stellt Sauerstoff das häufigste Oxidationsmittel dar, welcher im Elektrolyt in gelöster Form zur Verfügung steht und entsprechend der in *Gleichung (3)* aufgeführten Redoxreaktionen sich auf die Korrosion auswirkt.

$$\text{Fe (Metall)} \rightarrow \text{Fe}^{2+} \text{ (Elektrolyt)} + 2e^- \text{ (Metall)} \qquad \textbf{(1)}$$

$$\text{2H + (Elektrolyt)} + 2e^- \text{ (Metall)} \rightarrow \text{H}_2 \text{ (Gas)} \qquad \textbf{(2)}$$

$$\text{O}_2 + 2\ \text{H}_2\text{O (Elektrolyt)} + 4e^- \text{ (Metall) H}_2\text{O} \rightarrow 4\ \text{OH}^- \text{ (Elektrolyt)} \qquad \textbf{(3)}$$

Diese Teilreaktionen, welche gleichzeitig auf der Metalloberfläche, aber räumlich getrennt voneinander ablaufen, besitzen somit den gleichen Elektronenumsatz. Die Ladungstrennung, welche als Potential gemessen werden kann, führt zur Ausbildung der elektrochemischen Spannungsreihe von Metallen. Da es sich bei dem Potentialwert stets um einen relativen Wert handelt, ist für die meisten versuchstechnischen Anwendungen eine Referenz für die Erfassung erforderlich, was unter anderem in DIN 50918 [DIN50918] aufgeführt ist. Der darin beschriebene standardisierte Aufbau einer Messzelle mit drei Elektroden (Messelektrode, Arbeitselektrode und Gegenelektrode) ermöglicht die Erfassung der Gleichgewichtsreaktionen, welche je nach vorliegenden Bedingungen Korrosion hervorrufen können. Ohne das Einwirken eines äußeren Stroms ergibt sich eine anodische und eine kathodische Teilreaktion unter der Bedingung, dass die vorliegende Summenstromdichte beider Reaktionen immer Null ergibt (siehe *Abbildung 4*) [Enk77, Gue07].

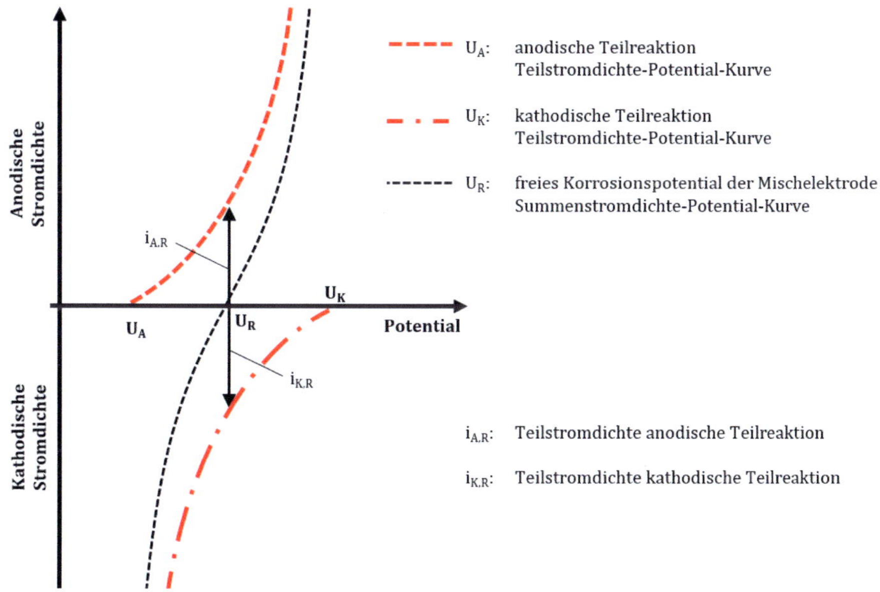

Abbildung 4: Potentialabhängigkeit von Summen- und Teilstromdichten bei der elektrolytischen Korrosion einer Mischelektrode [Enk77]

Erfolgt ein Eingriff in ein solches System, beispielsweise durch das Aufzwingen eines Potentials, wird das System aus dem Gleichgewicht gebracht. Bei einer Verschiebung in den kathodischen Bereich führt dies zu einer Metallabscheidung, bei der Verschiebung in den anodischen Bereich zur Metallauflösung. Eine Beeinflussung der Teilreaktionen dieses Systems kann beispielsweise über Variation von Elektrolytzusammensetzung und Sauerstoffgehalt, Temperatur oder eine Potentialdifferenz zwischen Anode und Kathode erfolgen. Die Korrosionsgeschwindigkeit, welche durch den vorliegenden Korrosionsstrom gemessen werden kann, wird dabei von der kathodischen Teilreaktion bestimmt. Die Blockierung oder Hemmung, beispielsweise durch die Passivschicht bei nichtrostenden Stählen führt zur Reduktion der Korrosionsgeschwindigkeit bzw. unter idealen Bedingungen zu einer vollständigen Unterbindung von Korrosion [Enk77].

Eine mögliche Bewertungsbasis der ablaufenden Korrosionsvorgänge, insbesondere für nichtrostende Stähle, stellt die Stromdichte-Potential-Kurve dar, welche sich der gezielten Variation der Potentialdifferenz bedient. Der in *Abbildung 5* schematisch dargestellte Verlauf der Summen-stromdichte-Potential-Kurve eines nichtrostenden Stahls zeigt, dass ausgehend von dem außenstromlosen Ruhepotential oder Gleichgewichtspotential im aktiven Zustand (anodischer Bereich), die Korrosionsstromdichte durch zunehmende Metallauflösung auf ein Maximum $i_{p.}$ ansteigt. Nachfolgend erfährt die Kurve einen Abfall der Stromdichte, welche mit steigendem Potential auf die Passivstromdichte $i_{pas.}$ abfällt. Erfolgt eine weitere anodische Polarisation, kann ab dem kritischen Potential ein Korrosionsverhalten in Form von Lochfraß auftreten, was wiederum zum Anstieg der Stromdichte durch die lokale Metallauflösung führt. Dies geschieht allerdings nur bei einem Vorhandensein von Halogenidionen im vorliegenden Elektrolyten. Sind diese nicht gegeben, so tritt keine Lochkorrosion auf, wodurch die Polarisation fortgesetzt werden kann, bis es ab dem Lochfraßpotential E_p im transpassiven Zustand zur vergleichsweise gleichmäßigen Auflösung der Passivschicht durch Bildung von Chromaten unter Sauerstoffentwicklung kommt [Enk77, Fro89, Gue07, Ros17].

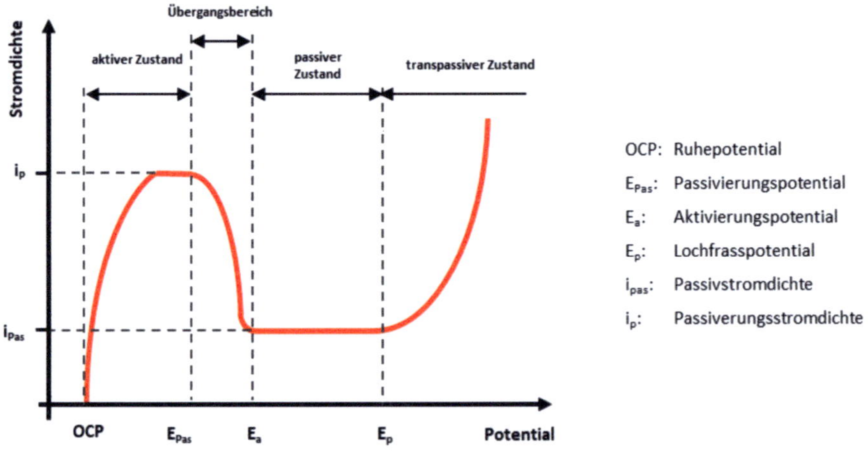

Abbildung 5: Stromdichte-Potential-Kurve passiver Korrosionssysteme mit Angaben der relevanten Kennwerte

2.2 Einflussfaktoren auf das Korrosionsverhalten von CrNi-Stählen

Liegt ein nichtrostender Stahl mit einer stabil ausgebildeten Passivschicht vor, ist unter normalen atmosphärischen Bedingungen keine flächige Korrosion zu erwarten. Der messbare Massenverlust über die Zeit eines entsprechenden Bauteils in Industrieluft nähert sich hierbei unter idealen Bedingungen gegen Null. Dennoch spielen unterschiedliche Einflussfaktoren eine entscheidende Rolle, welche diesem idealen Zustand entgegenwirken und zu den nachfolgend aufgeführten lokalen Korrosionsformen bei nichtrostenden Stählen führen können [DIN 8044]:

- Lochfraß
- Spaltkorrosion
- Interkristalline Korrosion
- Spannungsrisskorrosion

Damit mindestens eine dieser Korrosionsformen vorliegt, müssen in Anlehnung an die DIN EN ISO 8044 [DIN 8044] sowie nach Morach und Gümpel [Mor94, Gue07] mindestens ein metallischer passiver Werkstoff, ein angreifendes Medium, sowie entsprechende äußere Angriffsbedingungen gegeben sein. Zu den äußeren Angriffsbedingungen können neben Temperatur und Konzentration eines entsprechenden Elektrolyten auch Einflussfaktoren wie mechanische Belastung oder Strömungsbedingungen zählen. Die Initiierung bzw. der Start eines entsprechenden Angriffs der vorliegenden Passivschicht ist dabei zwischen den einzelnen Korrosionsformen oftmals vergleichbar. Die Ausprägung und das Erscheinungsbild hingegen sind abhängig von den Umgebungsbedingungen sowie den vorliegenden mechanischen Spannungszuständen.

Lochkorrosion und Interkristalline Korrosion sind die relevantesten Versagensarten bei der Korrosion von nichtrostenden Stählen. Lochkorrosion wird meist in chloridionenhaltigen Medien hervorgerufen. Hierbei führen bereits kleinstmögliche Störungen der Passivschicht zu einem Zusammenbruch der Passivität. Oftmals sind im Gefüge vorhandene Inhomogenitäten wie nichtmetallische Einschlüsse (Bsp. Karbide, Sulfide, Nitride, Oxide) Verursacher der Korrosion.

Lochkorrosion tritt in der Regel bei neutralen chloridhaltigen Medien auf. Hierzu wird die Korrosion in drei Phasen unterteilt: Keimbildung, metastabiles und stabiles Lochwachstum. Infolge von Störungen oder Schwachstellen in der Passivschicht, deren Ursache sehr vielfältig sein können, kommt es durch lokale elektrochemische Potentialunterschiede zur Bildung eines Lochkeims [Hey04, Hey08]. Es folgt ein lokaler Zusammenbruch der Passivschicht, welcher, je nach Umgebungsbedingungen und beeinflusst durch die Fähigkeit zur Repassivierung des vorliegenden Werkstoffes in Form eines metastabilen Loches, wieder repassivieren kann oder sich zu einem stabilen Loch weiter ausbildet. Insbesondere der Übergang vom metastabilen zum stabilen Lochwachstum und die darauf einwirkenden Faktoren werden in verschiedenen Arbeiten [Mor94, Goe98, Fra98, Goe04, Hey04] umfangreich diskutiert.

Interkristalline Korrosion findet im Gegensatz zu der Lochkorrosion vorwiegend in sauren Medien statt und wird ebenfalls auf Inhomogenitäten im Gefüge und an der Bauteiloberfläche zurückgeführt. Lokale Verarmung an Legierungselementen in der vorliegenden Passivschicht infolge von unterschiedlichen metallischen Phasen bei nichtrostenden Stählen sowie vorliegenden Ausscheidungen, welche ebenfalls zu einer lokalen Chromverarmung führen können, reduzieren die Passivschichtstabilität [Gue07]. Insbesondere durch thermische Prozesse kann beispielsweise die Bildung von Chromkarbiden an Korngrenzen zu einer lokalen Destabilisierung der Passivschicht führen. Je nach Umgebungsbedingungen kann eine begrenzte Chromverarmung toleriert werden, solange ein ausreichend hoher Chromgehalt im metallischen Gefüge zur Verfügung bleibt, um eine Passivschicht auszubilden [Hey04, Ros17]. Liegen kritische Umgebungsbedingungen vor, so kann gemäß der Theorie der Chromverarmung beispielsweise eine Sensibilisierung an Korngrenzen auftreten, welche auf Grund der ungünstigen Flächenverhältnisse (große Kathode zu kleiner Anode) zu einem schnell ablaufenden korrosiven Angriff entlang der Korngrenze bis hin zum Kornzerfall führt [Fra98, Hey04].

Unter anderem weist Morach et al. [Mor94] in seiner Arbeit darauf hin, dass es sich bei der Korrosionsbeständigkeit um eine Systemeigenschaft handelt. Der Oberflächenzustand, die chemische Zusammensetzung in Verbindung mit der Homogenität des Gefüges sowie die Umstände der Bildung der Passivschicht haben einen entscheidenden Einfluss auf die Beständigkeit eines Werkstoffes.

Bezogen auf die Kontaktstelle zwischen Medium und Bauteil lassen sich nach Gümpel [Gue16] die Einflussfaktoren und die vorliegenden Abläufe in fünf diskrete Bereiche unterteilen, wobei stets eine Wechselwirkung im Sinn einer Systemeigenschaft vorliegt:

- Gefüge / Grundmaterial
- Verbindungslage / Grenzschicht zwischen Passivschicht und Grundmaterial
- Zusammensetzung und Aufbau der Passivschicht
- Grenzschicht zwischen Passivschicht und umgebendem Medium
- Umgebendes Medium

Zur Zuordnung der Wirkmechanismen sind nachfolgend einzelne Einflussfaktoren auf die Korrosionsbeständigkeit und die Stabilität des Passivfilms bei austenitischen nichtrostenden Stählen aufgelistet.

2.2.1 Einfluss von Umgebungsbedingungen und Zusammensetzung des Grundwerkstoffes

Bezogen auf das Korrosionsverhalten eines nichtrostenden Stahls herrscht in der Literatur Einigkeit darüber, dass die allgemeinen Umgebungsbedingungen, zum Beispiel Temperatur oder chemische Zusammensetzung eines Elektrolyten sowie die chemische Zusammensetzung des Werkstoffes dominante Faktoren sind [Mor94, Sut97, Gue07].

Pourbaix [Pou70] zeigt in dem nach ihm benannten Pourbaix-Diagramm die thermodynamische Stabilität von Metallen abhängig von dem vorliegenden Elektrolyt-System. Somit kann für Metalle eine Voraussage getroffen werden, ob diese unter den spezifischen Parametern korrodieren oder nicht. Für nichtrostende Stähle wird dem Einfluss der chemischen Zusammensetzung durch die Berechnung der sogenannte Pitting Resistance Equivalent Number (PREN) Rechnung getragen. Diese empirisch ermittelte, aber allgemein in der Literatur anerkannte Berechnungsgrundlage, bezieht sich auf die Beständigkeit von Stählen gegenüber dem ortsdiskret auftretenden Lochfraß bei passiven Stählen und berechnet sich wie nachfolgend aufgeführt auf Grundlage von Legierungsbestandteilen [Sut97, Gue07, See14].

$$PREN = \%\,Cr + 3{,}3 * \%\,Mo + (0 \dots 30) * N \tag{4}$$

Experimentelle Versuche zeigen, dass ein nahezu linearer Zusammenhang zwischen der Wirksumme aus den Legierungsbestandteilen und der Korrosionsbeständigkeit gegenüber Lochfraß existiert [See14]. Allerdings ist die Aussagekraft der PREN, berechnet nach *Gleichung (4)* umstritten, da nur Chrom, Molybdän und Stickstoff als Legierungsbestandteile berücksichtigt werden. Einflussfaktoren auf die Korrosionsbeständigkeit und das Korrosionsverhalten wie Oberflächenzustand, Spannungen durch mechanische Belastung, Spannungen infolge der Bearbeitung und die allgemeinen Umgebungsbedingungen werden nicht berücksichtigt. Unterschiedliche Literaturstellen verweisen darauf, dass sich diese Kennzahl somit nur bedingt zur Abschätzung der Korrosionsbeständigkeit einzelner Werkstoffe eignet [Ren86, Gue07, Kla17].

Ein weiterer Ansatz zur Berechnung der Korrosionsbeständigkeit kann anhand der Berechnung der kritischen Lochfraßtemperatur CPT bzw. der kritischen Spaltkorrosionstemperatur CCT getroffen werden. Wie nachfolgend zu sehen, hat Renner et al. [Ren86] hierzu eine Modifikation der Berechnung der Wirksumme in *Gleichung (5)* und *(6)* vorgenommen.

$$CPT\ (°C) = 2{,}5 * \%\,Cr + 7{,}6 * \%\,Mo + 31{,}9 * \%\,N - 41 \tag{5}$$

$$CCT\ (°C) = 3{,}2 * \%\,Cr + 7{,}6 * \%\,Mo + 10{,}5 * \%\,N - 81 \tag{6}$$

Allerdings werden auch hierbei, ähnlich wie bei der Berechnung der PREN, andere Legierungselemente und Verunreinigungen sowie die Anwesenheit von Ausscheidungen oder Einschlüsse nicht berücksichtigt. Wenngleich diese Berechnungsmodelle für ausgesuchte Anwendungen und Versuchsreihen sehr wohl deren Gültigkeit unter Beweis stellen, entsteht hier der Eindruck, dass die Korrosionsbeständigkeit von nichtrostenden Edelstählen nahezu ausschließlich durch die Hauptlegierungselemente bestimmt wird. Weitere Einflüsse, wie das angreifende Medium, die Qualität der Werkstoffoberfläche o.ä., werden dabei nicht berücksichtigt [Ren86, Mat99, See14].

Als weitere Methode zur Bewertung der Anfälligkeit von Werkstoffen gegenüber Lochfraß, werden in dem von Klapper et al. [Kla17] entwickelten „Pitting susceptibility factor" (PSF) gemäß *Gleichung (7)*, Messgrößen aus elektrochemischen Stromdichte-Potentialmessungen herangezogen. Im Rahmen seiner Arbeit werden unterschiedliche Werkstoffe mit Cr-Gehalten zwischen 16 Prozent und 23 Prozent und an Mo-Gehalten zwischen 3 Prozent und 17 Prozent gegenübergestellt.

$$PSF = \frac{E_{pit} - E_{rp}}{E_{rp} - OCP} \tag{7}$$

Der starke Einfluss von Mo auf die erzielbare Beständigkeit gegen Lochfraß, welche insbesondere in der Gewichtung zur Berechnung der PREN, siehe *Gleichung* (4), zu erkennen ist, wird in Teilen durch Klapper et al. [Kla15] relativiert. Durch das Einbeziehen des Repassivierungspotentials E_{rp} sowie des Ruhepotentials OCP neben dem Lochfraßpotential E_{pit} in die Berechnung des PSF, wird insbesondere die Fähigkeit zur Repassivierung bzw. das Verhalten bei metastabilem Lochwachstum mitberücksichtigt [Hey04, Gal05, Kla15, Kla17].

2.2.2 Einfluss des Gefüges

Das Gefüge des Ausgangswerkstoffes kann je nach Legierungslage Ausscheidungen, Einschlüsse, intermetallische Phasen und Defekte in der Gitterstruktur infolge von Verformung oder Oberflächenvorbehandlungen aufweisen (siehe *Abbildung 6*). Diese können lokal zu geringen elektrochemischen Potentialunterschieden und unterschiedlicher Verteilung, bzw. Diffusionsfähigkeit einzelner Legierungsbestandteile führen. Bedingt durch die Beeinflussung der Diffusionsprozesse, aber auch aufgrund der ungleichen Verteilung der Legierungsbestandteile, werden sowohl das metallische Gefüge im oberflächennahen Bereich (unterhalb der Passivschicht) sowie der Aufbau der Passivschicht stark beeinflusst. Die unterschiedlichen Defekte im Grundmaterial treten in der Passivschicht ebenfalls als Defekt in Erscheinung [Shi77, Mor94, Gue16].

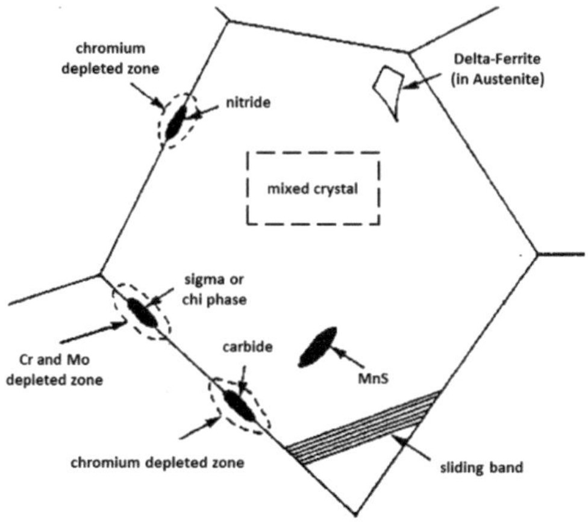

Abbildung 6: Schematische Darstellung der lokaler Defekte, welche die Korrosionsbeständigkeit von hochlegierten nichtrostenden Stählen im Oberflächennahen Bereich beeinflussen [Gue16]

2.2.3 Einschlüsse und Ausscheidungen

Wenngleich Mangan, Schwefel und andere Verunreinigungen als reguläre Bestandteile der nichtrostenden Stähle angesehen werden [Mor94, Gue16, Hen13], kann eine geringe Erhöhung von Legierungsbestandteilen, wie beispielsweise Schwefel, zu einer deutlichen Verschlechterung der Korrosionsbeständigkeit bzw. der Repassivierungsfähigkeit führen [Fle88, Lot15, Gue16]. Diskret gebildete Mangansulfide werden dabei als Lochinitiierungsort bei austenitischen nichtrostenden Stählen angesehen [For69], wobei durch gesteigerten Mangangehalt das Lochwachstumspotential weiter gesenkt wird [Deg74]. Die Auflösung dieser Einschlüsse lässt sich über die Messung der Transienten erfassen. Stähle mit geringerer Anzahl an Einschlüssen dabei weniger Transienten auf [Boe89, Mor92, Sut97, Hey04].

Weitere Untersuchungen zeigen, dass für lasergeschmolzene Proben am Beispiel des Werkstoffes 1.4301/AISI 304 der absolute Schwefel- bzw. Mangangehalt nur eine untergeordnete Rolle spielt. Die Größe, Verteilung und Form der Einschlüsse ist dabei entscheidend für welches elektrochemische Potential sich ein stabiles Lochwachstum einstellt [Oso79, Sak91, Mor94, Pac15]. Als kritische Größe für eine Lochinitiierung werden in unterschiedlichen Literaturstellen Sulfide mit 1-2 µm im Durchmesser angegeben. Unterschiedliche Studien zeigen zudem den Einfluss der Ausrichtung der Einschlüsse auf die

Bearbeitungsrichtung. Erfolgt die Bearbeitung quer zur Ausrichtung der Sulfide, sodass diese in die Tiefe des Grundmaterials hineinragen, sinkt die Korrosionsbeständigkeit. Eine Glühbehandlung vor einer abschließenden spanenden Bearbeitung verschiebt dabei das Lochwachstumspotential hin zu höheren Werten, was auf die Veränderung der Sulfid-Geometrie zurückzuführen ist [Mor94, Gue07].

Ebenfalls beeinflusst durch Inhomogenitäten einzelner Legierungsbestandteile ist die Bildung von Ausscheidungen, welche vor allem durch Wärmebehandlungen, aber auch durch Umformprozesse begünstigt werden. Insbesondere die Bildung von Chromkarbid $Cr_{23}C_6$, welches an den Korngrenzen ausgeschieden wird, führt zu einer lokalen Verarmung an Chrom im Grundwerkstoff. Dies wiederum senkt das Lochwachstumspotential bzw. löst in der Karbidumgebung Interkristalline Korrosion aus [Her76, New85, Miy91, Gue07]. Intermetallische Phasen, welche durch Bildung in der umgebenden Matrix entstehen, erzeugen ebenfalls eine Chromverarmung wodurch die Lochfraßbeständigkeit reduziert wird. Dabei erfolgt der lokale Angriff stets an den chromverarmten Zonen bzw. an den Phasengrenzen zwischen Ausscheidung und Metall.

2.2.4 Korngröße und Korngrenzen

Der Einfluss der Korngröße auf die Korrosionsbeständigkeit wird von unterschiedlichen Autorinnen und Autoren kontrovers diskutiert. Besonders bei nanokristallinen Werkstoffen führt eine geringere Korngröße zu einer Verbesserung der Korrosionsbeständigkeit. Dem gegenüber steht die Untersuchung von Tomashov [Tom70], welche bei zunehmender Korngröße am Werkstoff 1.4301/AISI 304 einen Anstieg des Lochwachstumspotentials ermittelte. Zudem zeigen die Ergebnisse, dass an grobkörnigeren Proben weniger Löcher als an feinkörnigen Proben entstehen. Mit steigender Korngröße tritt das Lochwachstum vorwiegend an den Korngrenzen auf, wobei die sich dort gebildete Löcher hinsichtlich Tiefe und Ausprägung deutlich von den Löchern unterscheiden, deren Initiierung nicht an den Korngrenzen erfolgte. Eine Erklärung hierfür ist, dass im Bereich der Korngrenzen Inhomogenität, Versetzungen und Ausscheidungen vermehrt auftreten, welche sich wiederum negativ auf die darüber liegende Passivschicht auswirken [Sal92, Tom70]. Morach [Mor94] bestätigt diesen Effekt und zeigt auf, dass mittels gezielter Glühbehandlung und daraus resultierendem Kornwachstum auch eine Steigerung des Lochwachstumspotentials möglich ist.

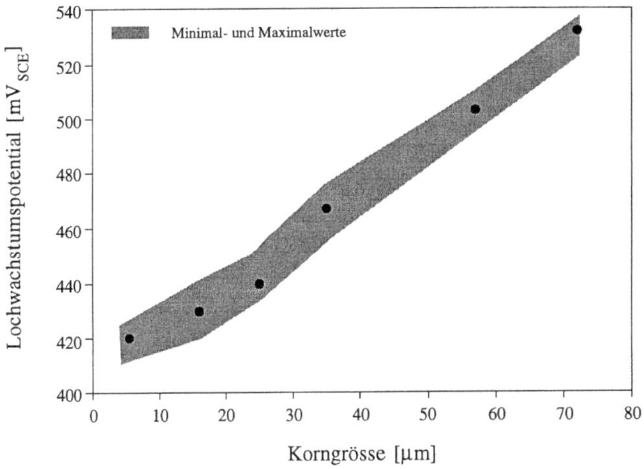

Abbildung 7: Einfluss der Korngröße auf das Lochwachstumspotential bei elektropolierten Proben, Werkstoff 1.4301/AISI 304 in 0,1 mol/l NaCl nach Morach [Mor94]

Gleichzeitig zeigen die elektrochemischen Versuche von Morach [Mor94], siehe *Abbildung 7*, eine Abnahme der Transientendichte mit steigender Korngröße infolge von durchgeführter Glühbehandlung. Kornwachstum und Glühbehandlung führen zu einem homogeneren Gefüge, was zu einer stabileren und gleichmäßigeren Passivschicht führt. Sugimoto [Sug85] zeigt zudem, dass durch Aktivierung von Schwachstellen im direkten Umfeld von metastabilen Löchern eine Reduktion der Passivschichtdicke erfolgt. Tritt eine solche Schwächung im Bereich einer Korngrenze auf, was bei feinkörnigen Gefüge statistisch häufiger vorkommt, so wird die Repassivierung des metastabilen Loches verhindert. Im Gegensatz dazu trifft für nanokristalline Werkstoffe dieser Effekt auf die Korngrenzen nicht bzw. nur in deutlich geringerer Ausprägung zu. Da diese Werkstoffe nahezu keine Ausscheidungen und nur geringe Eigenspannungen aufweisen, können die für die Ausbildung einer stabilen Passivschicht erforderlichen Diffusionsprozesse gleichmäßiger erfolgen. Die daraus resultierende Passivschicht kann als homogener angesehen werden [Kam12].

2.2.5 Einfluss der Bauteiloberfläche

Die Beschaffenheit der Oberfläche auf das Korrosionsverhalten von nichtrostenden Edelstählen wird ebenfalls in unterschiedlichen Literaturstellen als wesentlicher Einflussfaktor auf deren Beständigkeit und Korrosionsverhalten aufgeführt [Shi73, Coa90, Mor92, Mor94, Bur95, Sas96, Hon97, Bur04, Lad04, Hen13, BAM10]. In diesem Zusammenhang ist grundsätzlich zwischen mechanischer und chemischer Oberflächenbehandlung zu unterscheiden. Chemische Nachbehandlungen von Schweißnähten an nichtrostenden Edelstählen sind der Stand der Technik und dienen beispielsweise zur Entfernung von Anlauffarben. Lokale Unterschiede der Oxidschicht sollen somit vermieden bzw. reduziert werden [Hen13, ISER968].

Untersuchungen von Manning et al. [Man79] an austenitischen 1.4301/AISI 304 zeigen im Labormaßstab keinen Unterschied zwischen geschliffenen und gebeizten Oberflächen. Eine Verbesserung der Korrosionsbeständigkeit nach dem Beizen kann hingegen bei Duplexstahl mit gleicher chemischer Zusammensetzung des Grundwerkstoffes nachgewiesen werden. Manning [Man79] vertritt hierzu die Ansicht, dass Einschlüsse für den Abfall des Lochfraßpotentials verantwortlich sind und die erzeugten Löcher an Phasengrenzen zwischen Sulfid-Einschlüssen und dem umgebenden Werkstoff initiiert werden. Der Einfluss der Oberflächenrauheit ist darauf zurückzuführen, dass mit steigender Rauheit durchschnittlich mehr der im Werkstoff vorhandenen Einschlüsse freigelegt werden. Da durch den Walzvorgang die erzeugten Einschlüsse in Längsrichtung gestreckt werden, geht Manning [Man79] davon aus, dass bei einer Oberflächenbearbeitung quer zur Walzrichtung mehr der bestehenden Einschlüsse angeschnitten werden. Dies wird durch die durchgeführten Versuche bewiesen, wobei gegenüber der Bearbeitungsrichtung in Walzrichtung eine Reduktion des Lochfraßpotentials um ca. 60mV erreicht wird. Ein allgemeiner Einfluss der Kaltverformung durch die Oberflächenbearbeitung auf das Korrosionsverhalten kann hingegen nicht festgestellt werden.

Ergebnisse konventioneller Korrosionsuntersuchungen beziehen sich häufig auf im Labormaßstab erzeugten Oberflächen, welche durch definierte Präparationsverfahren eine hohe Wiederholgenauigkeit bei sehr geringen Rauheitswerten erzeugen. Diese Betrachtungen bieten sich an, um den Einfluss von topografischen Effekten möglichst gering zu halten und den Werkstoff bzw. angewendete Beschichtungs- und Passivierungsverfahren hervorzuheben [Hen13, Gue07].

Zur Bestimmung des Einflusses der Oberflächenbeschaffenheit bzw. der Rauheit liegen unterschiedliche Betrachtungen des Lochfraß- bzw. Lochwachstumspotentials, der kritischen Lochfraßtemperatur, sowie des Spaltkorrosionspotentials in Abhängigkeit von der Oberflächenpräparation vor [Bur95, Hon97, Gue07, Fal08].

Burstein [Bur95] untersuchte am Beispiel des Werkstoffes 1.4306/AISI 304L den Einfluss der Oberflächenrauheit auf das Korrosionsverhalten. Die Arbeit zeigt, dass bei den Proben, welche mit SiC-Schleifpapier bearbeitet wurden, ein direkter Zusammenhang zwischen der verwendeten Körnung und dem erreichten kritischen Lochfraßpotential (E_{pit}) besteht. Sasakia [Sas96] und Burstein [Bur95] beschreiben, dass tiefere, weniger geöffnete Schleifstrukturen mit höherer Wahrscheinlichkeit zu Lochfraß führen, da entstehende Löcher stabil bleiben bzw. nicht wieder repassiviert werden. Davon ausgehend, dass die gemessene Oberflächenrauheit einen Durchschnittswert der Oberflächentopografie repräsentiert, bieten rauere Oberflächen eine größere Wahrscheinlichkeit für stabiles Lochwachstum und somit ein reduziertes Lochfraßpotential.

Die Arbeit von Hong und Nagumo [Hon97] untersucht am Werkstoff 1.4310/AISI 301 das metastabile Lochfraßpotential (E_m) und zeigt anhand von *Abbildung 8* ebenfalls einen direkten Zusammenhang zwischen Körnung des eingesetzten SiC-Schleifpapiers und dem Lochwachstum bzw. der erzielten Korrosionsbeständigkeit. Umso höher die Körnung des angewendeten Schleifpapiers, umso höher der erreichte E_m-Wert. Ein stabiles Lochwachstum kann bei feineren, weniger rauen Oberflächen erst bei höheren Potentialwerten etabliert werden.

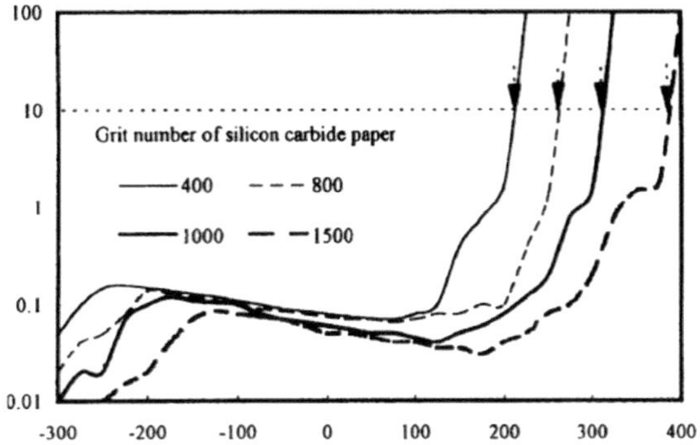

Abbildung 8: Polarisationskurven des Werkstoffes 1.4310/AISI 301 geschliffen mit SiC-Schleifpapier mit unterschiedlicher Körnung 400, 800, 1000, 1500. Die Pfeile markieren das kritische Lochfraßpotential Epit; Elektrolyt: 0,5 mol/l NaCl; Polarisationsrate: 5 mV/min [Hon97]

Faller et al. [Fal08] gibt hierzu einen entsprechenden Überblick für den Werkstoff 1.4301/AISI 304 zu unterschiedlichen Oberflächenbearbeitungsverfahren, welche standardisiert für nichtrostende Stähle eingesetzt werden.

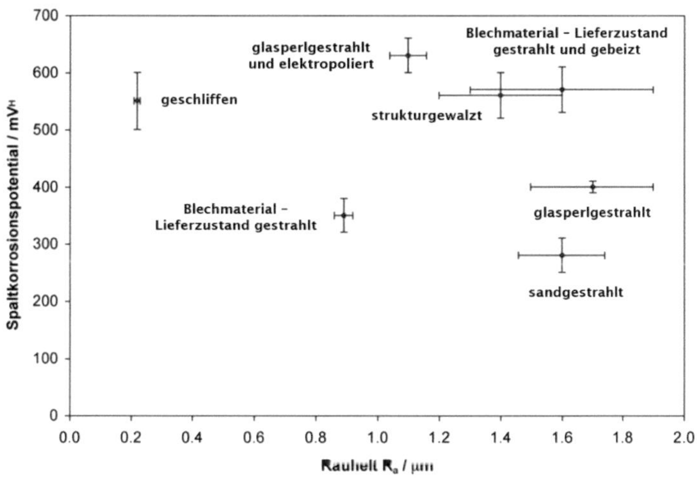

Abbildung 9: Spaltkorrosionspotentiale gegen Oberflächenrauheit R_a von nichtrostenden Stahlproben (Werkstoff 1.4301/AISI 304) mit unterschiedlichen Oberflächen (Fehlerbalken stellen die Standardabweichung dar) nach Faller et al. [Fal08]

Wie die Gegenüberstellung in *Abbildung 9* zeigt, widersprechen sich hierbei allgemeine Aussagen zum direkten Einfluss der Oberflächenrauheit R_a auf die Korrosionsbeständigkeit nicht bzw. nur bedingt zwischen verschiedenen Bearbeitungsverfahren.

Die geschliffenen Proben weisen insbesondere bei der Oberflächenrauheit nur eine sehr geringe Streuung auf, was auf die Probenpräparationsmethode (Rundschleifteller mit 1000er Körnung SiC-Schleifkorn) zurückzuführen ist. Als maßgeblicher Einflussfaktor auf das unterschiedliche Korrosionsverhalten wird hierbei die Ausprägung der Topografie identifiziert. Faller sieht hierbei den Einfluss der Geometrie der erzeugten Strukturen an der Oberfläche der Proben. Verhältnismäßig enge und tiefe Strukturen zeichnen sich durch eine geringere Korrosionsbeständigkeit aus. *Abbildung 10* zeigt, dass Bearbeitungsverfahren wie Sandstrahlen und Glasperlenstrahlen, welche eine starke plastische Deformation mit sich bringen, zusätzlich zu einer stärker zerklüfteten Oberfläche führen, welche das Auftreten von Spaltkorrosion begünstigt [Fal08].

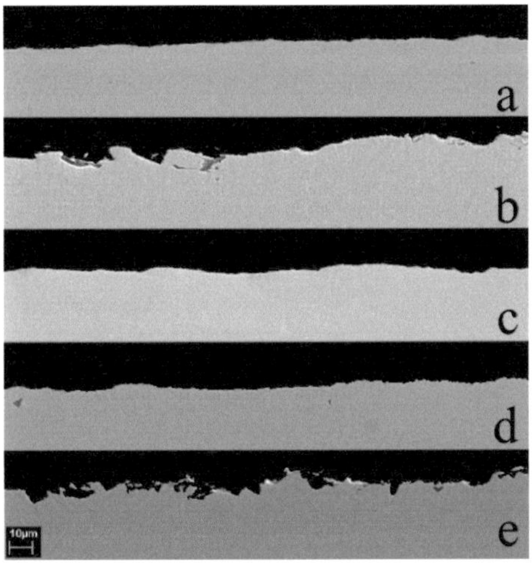

Abbildung 10: Metallografische Querschliffe der nichtrostenden Stahlproben (Werkstoff 1.4301/AISI 304); a) metallografisch geschliffen, b) glasperlengestrahlt, c) glasperlengestrahlt und elektropoliert, d) strukturgewalzt, e) sandgestrahlt [Fal08]

Das angewendete Verfahren sowie die angewendeten Verfahrensparameter der mechanischen Bearbeitung zur Erzeugung der Oberfläche sind somit entscheidend für das Korrosionsverhalten [Fal08].

Weitere Untersuchungen ergänzen die Betrachtung des Einflusses oberflächennaher Spannungen, welche infolge der Bearbeitung erzeugt werden. Die von Rhouma [Rho01] durchgeführten Untersuchungen am austenitischen Werkstoff 1.4404/AISI316L stellen hierzu unterschiedliche Bearbeitungsverfahren (Sandstrahlen, Drahtbürsten, Schleifen und Elektropolieren) mit unterschiedlichen Prozessparametern gegenüber. Die Messungen beinhalten dabei die Durchführung von Spannungsrisskorrosionsprüfungen, elektrochemischer potentiodynamischer Untersuchungen sowie die Erstellung von Tiefenprofilen der Härte und röntgenspektrometrischer Untersuchungen der Proben. Rhouma [Rho01] identifiziert die Ausgangshärte vor der Oberflächenbearbeitung als entscheidenden Faktor für die Anfälligkeit gegenüber Spannungsrisskorrosion. Für die Bearbeitung mit Bürsten erhöht sich diese Anfälligkeit ebenfalls mit steigender Bearbeitungsgeschwindigkeit. Für Schleifen und Sandstrahlen wird die Partikelgröße als maßgeblicher Einflussfaktor für die Reduktion der Korrosionsbeständigkeit identifiziert. Allgemein wird die Verschlechterung auch auf lokale Kaltverfestigungen zurückgeführt. Als mögliche Ursache werden unterschiedliche Spannungszustände bzw. Deformationsgrade zwischen dem oberflächennahen Bereich und dem Grundmaterial aufgeführt. Durch Drahtbürsten, Schleifen und Sandstrahlen mit nur geringer Veränderung der Oberflächenrauheit erfolgt keine erkennbare Verschlechterung der Korrosionsbeständigkeit [Rho01].

Umfangreiche Untersuchungen zur Identifikation von Einflussfaktoren infolge von mechanisch bearbeiteten Oberflächen für austenitische nichtrostende Stähle, kurz ANS, wurden in der Bundesanstalt für Materialforschung und –prüfung durch Burkert et al. [BAM10] durchgeführt. Die Daten ermöglichen den Vergleich zwischen industriell gefertigten Oberflächen mit Probekörpern, die auf Versuchs- bzw. Praktikumsanlagen gefertigt wurden. Burkert [BAM10] stellt fest, dass Normenverstöße bei der Legierungszusammensetzung, insbesondere zu geringe Chrom- und Nickelwerte und zu hohe Schwefel- und Kohlenstoffwerte, bei einem Teil der Schadensfälle aus der Praxis verantwortlich sind für die auftretenden Korrosionserscheinungen, zum Teil auch für Interkristalline Korrosion. Die als Oberflächenungänzen bezeichneten Erscheinungen führen laut Burkert [BAM10] zu unregelmäßiger Korrosion (Verfleckungen). Bei den durchgeführten Versuchen im Labormaßstab variieren die Schleifparameter, wobei als Kornwerkstoff vorwiegend Korund eingesetzt wird, sowie die Auslagerungsdauer nach der Probenpräparation und somit die Zeit zur Bildung einer stabilen Passivschicht [Bur95, Hon97, BAM10].

Turnbull et al. [Tur11] untersuchte am Werkstoff 1.4301 den Einfluss von unterschiedlichen Oberflächenbearbeitungen auf die Empfindlichkeit gegenüber Spannungsrisskorrosion. Hierbei konnten lokale Defekte auf der Bauteiloberfläche als Ausgangspunkt für fortschreitende Spannungsrisskorrosion identifiziert werden (siehe *Abbildung 11*). Dabei wurden unterschiedliche Faktoren aufgezeigt, welche sich in Folge des Schleifens änderten und somit Einfluss auf eine signifikant gesteigerte Anfälligkeit gegenüber Spannungsrisskorrosion haben. Insbesondere die Steigerung der vorliegenden Druckeigenspannungen an der Bauteiloberfläche in von der Schleifparameter und der Schleifrichtung wird hierbei als möglicher Einflussfaktor aufgeführt [Tur11].

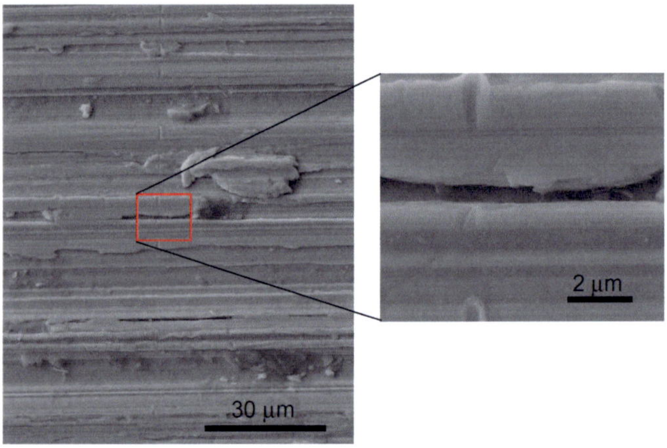

Abbildung 11: Lokaler Defekt als Ausgangspunkt für mögliche Spannungsrisskorrosion nach Turnbull et al. [Tur11]

Die von Burkert et al. [BAM14, BAM19] durchgeführten Untersuchungen weisen, ergänzend zum von Turnbull et al. [Tur11] aufgeführten Ansatz, auf einen weiteren möglichen Einfluss in Bezug auf die Oberflächentopografie hin. Hierzu zeigen in *Abbildung 12* mit Bandschliff bearbeitete Oberflächen an den Werkstoffen 1.4301/AISI 304 und 1.4401/AISI 316 unterschiedliches Korrosionsverhalten, welches sich infolge von unterschiedlicher Ausprägung von Farbanzeigen durch Anwendung der sogenannten KorroPad-Prüfung äußert [BAM14]. Je nach angewendetem Schleifkornwerkstoff ist in Abhängigkeit von der Versuchsdauer ein unterschiedlich starker Oberflächenangriff infolge von Korrosion zu erkennen, welcher nicht in direkter Korrelation zu der taktil erfassten Oberflächenrauheit steht. Weitere Untersuchungen am Werkstoff 1.4301/AISI 304 bestätigen, dass je nach angewendetem Kornwerkstoff es zu Unterschieden in den erzielten Eigenschaften der Oberfläche und insbesondere auf die Korrosionsbeständigkeit kommen kann. Die Ergebnisse zeigen aber auch, dass weitere dominante Faktoren, wie beispielsweise die Anwendung von Kühlschmierstoff und Anpresskraft einen signifikanten Einfluss auf die erzeugte Topografie und das Korrosionsverhalten der erzeugten Oberflächen haben [BAM10, BAM14, BAM19].

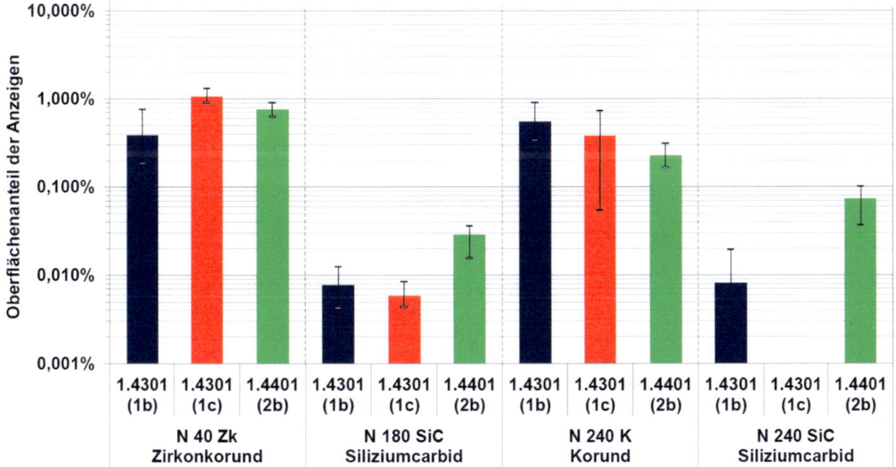

Abbildung 12: Einfluss verschiedener Nassschliffvarianten auf den sich abbildenden Oberflächenanteil als Korrosionsanzeige im Rahmen der sogenannten KorroPad-Prüfung nach Burkert et al. [BAM14]; (1b) und (1c) Werkstoff 1.4301/AISI 304, (2b) Werkstoff 1.4401/AISI 316

2.2.6 Einfluss von Kaltumformung und plastischer Deformation

Die Wirkung von Kaltumformung für klassische, nicht passive Kohlenstoff-Stähle auf die erzielte Korrosionsbeständigkeit kann als bekannt angesehen werden. Söderberg et al. [Soe99] zeigt hierzu am Beispiel von unterschiedlichen Legierungen, dass im umgeformten Zustand eine geringe, aber dennoch signifikante Reduktion der Korrosionsbeständigkeit festgestellt werden konnte. Für ANS existieren unterschiedliche wissenschaftliche Arbeiten, welche zu teils widersprüchlichen Ergebnissen hinsichtlich des Einflusses der Kaltumformung auf die Korrosionsbeständigkeit kommen. Abhängig von der Austenitstabilität und des Umformgrades stellen verschiedene Autoren eine Reduktion der Korrosionsbeständigkeit bzw. des Lochwachstumspotentials fest [Mor94, See14]. In anderen wissenschaftlichen Arbeiten wird dieser Effekt nicht festgestellt oder gar widerlegt. Die nachfolgend aufgeführten Arbeiten stellen drei unterschiedliche Gruppen von Forschungsergebnissen dar, welche zu unterschiedlichen Aussagen kommen [Hed05, Hed10].

Eine geringfügige Erhöhung der erzielten Korrosionsbeständigkeit wird von verschiedenen Autoren bei einer geringen Kaltverformung festgestellt. Talha et al. [Tal14] konnte in seiner Arbeit ebenfalls eine Verbesserung der erzielten Korrosionsbeständigkeit bis zu einer Deformation von 20 Prozent gegenüber dem Ursprungsquerschnitt bei hoch stickstoffhaltigen und Nickel-freien Proben feststellen [Tal14]. Ein vergleichbarer Effekt zeigte sich auch bei den Untersuchungen durch Mudali et al. [Mud02]. Infolge von Kaltverformung konnte eine Vergrößerung des Passivbereichs bei dem Werkstoff AISI 316L, gemessen in neutraler NaCl-Lösung, festgestellt werden. Dieser Effekte zeigte sich allerdings ebenfalls nur bis zu einer Querschnittsreduktion von 20 Prozent. Bei einer weiteren Querschnittsreduktion erfolgte eine Reduktion der Korrosionsbeständigkeit. Durch Anwendung der elektrochemischen Impedanz-spektroskopie (kurz EIS) für ANS, wurde der Einfluss des Umformgrades auf Nb-haltige Legierungen untersucht. Ähnlich wie schon bei den beiden oben aufgeführten Arbeiten erfasste Hamdy et al. [Ham07] ein Maximum der Korrosionsbeständigkeit bei einer Querschnittsreduktion von ca. 23 Prozent.

Als zweite Gruppe lassen sich Studien zusammenfassen, welche keinen Einfluss der Kaltverformung auf die Korrosionsbeständigkeit für die Gruppe der nichtrostenden Stähle feststellen konnten. Die Anwendung von NaCl-Lösung zur Durchführung von elektrochemischen Studien zeigte für Legierungen mit hohem Stickstoffgehalt nach Wang et al. keinen erkennbaren Einfluss des Umformgrades auf die Korrosionsbeständigkeit [Wan17]. Die Untersuchungen von Ren et al. [Ren16] erfolgten bis zu einer Deformation von 50 Prozent und zeigten in 0,9 Prozent NaCl-Lösung ebenfalls keine Veränderung. Der Untersuchung des Werkstoffes AISI 304 in einer schwefelsäurehaltigen Lösung für Anwendung in Brennstoffzellen widmete sich Luo et al. [Luo17], ebenfalls ohne einen signifikanten Einfluss des Verformungsgrads festzustellen.

Entgegen der oben aufgeführten Forschungsergebnisse kommt die nachfolgend genannte Gruppe an Autoren zu dem Ergebnis, dass eine geringe bis deutliche Verschlechterung der

Korrosionsbeständigkeit infolge der Kaltverformung festgestellt werden kann. Elektrochemische Untersuchungen an dem Werkstoff AISI 304 in NaCl-Lösung bei Umformung von 10 Prozent bis 70 Prozent weisen auf eine deutliche Erhöhung der Anfälligkeit gegen Lochfraß bzw. einen Zusammenhang der Reduktion des ermittelten kritischen Lochfraßpotentials CPP mit dem Umformgrad hin [Kur10, Bar02]. Für potentiostatische Versuche ebenfalls in NaCl-Lösung berichtet Štefec et al. [Ste78] für den Werkstoff AISI 316L von einer Erhöhung des gemessenen Korrosionsstroms bei hohen Umformgraden. Der Untersuchung von mehreren metastabilen austenitischen Stählen widmete sich auch Seemann [See14]. Die elektrochemischen Untersuchungen zeigten in Übereinstimmung mit den zuvor genannten Forschungsergebnissen, dass bei den Proben eine Zunahme der Kaltverformung zu einer Reduktion des kritischen Lochfraßpotentials CPP sowie zu einer Reduktion der kritischen Lochfraßtemperatur CPT kommt. Ebenfalls beobachtet wurde eine Zunahme der Anzahl von diskreten Angriffspunkten an den Oberflächen mit steigendem Umformgrad. Ein Zusammenhang hierzu kann auch in der Arbeit von Feng et al. [Fen16] gesehen werden, welche sich mit der Beeinflussung des metastabilen Lochwachstums bei Dehnungen von bis zu 40 Prozent am Werkstoff AISI 304 befasst.

Weitere Untersuchungen zeigten ein Minimum der Korrosionsbeständigkeit für bestimmte Umformgrade, wobei eine Steigerung wiederum bei einer erhöhten Umformung festgestellt werden konnte. Barbucci et al. [Bar01] konnte für den Werkstoff AISI 301 bei einer Kaltverformung von 45 Prozent in NaCl-Schwefelsäurelösung ein Minimum der Korrosionsbeständigkeit feststellen. Andere Untersuchungen nach Kumar et al. an den Werkstoffen AISI 304L und AISI 316L zeigen ein Minimum bei einer Kaltumformung von 70 Prozent und wiederum einen Anstieg bis zu einer Kaltumformung von 90 Prozent [Kum07]. Die Untersuchungen von Peguet et al. [Pe09] hingegen lassen auf die Existenz eines kritischen Umformgrades schließen, wobei dieser den Einfluss der SFE in den Vordergrund rückt. Durch den Einfluss der SFE auf den Umformmechanismus wird ein direkter Zusammenhang zwischen sinkender SFE und Abnahme der lokalen Korrosionsbeständigkeit postuliert. Die sich bildenden Scherbänder bei der Martensitumwandlung werden ebenfalls von Mudali et al. [Mud02] als lokale Lochinitiierungs-punkte angesehen. Dies wird durch die Tatsache gestützt, dass bei unterschiedlichen Untersuchungen abhängig von dem Umformgrad die Lochinitiierung bei geringen Umformgraden vorwiegend den Korngrenzen und Zwillingen und bei höheren Umformgraden den Scherbändern vorwiegend zugeordnet werden konnten [Tom70, Sal92, Mud02, Kib07, Peg07, Peg09, Fu09, Sur13]. Nakhaie et al. [Nak14] stellte bei seiner Untersuchung des Werkstoffes 1.4558/AISI 630 mit 17 Prozent Chrom und 4 Prozent Nickel bei erhöhten Umformgraden in 3,5 Prozent NaCl einen deutlichen Anstieg der Anzahl metastabiler Löcher sowie deren durchschnittlichen Durchmessern fest, was sich auch in deutlich erhöhter Stromdichte der Transienten im transpassiven Bereich äußert. Eine signifikante Beeinflussung des Lochfraßpotentials findet hingegen nicht statt. Wenngleich somit eine allgemeine Definition eines kritischen Umformgrades nicht möglich ist, legen die Untersuchungen nahe, dass die Korrosionsbeständigkeit bei metastabilen austenitischen Stählen sehr sensibel auf die Martensitumwandlung reagiert.

Als mögliche Ursache für die teils unterschiedlichen Aussagen der oben aufgeführten Untersuchungen liefert Eckstein et al. [Eck95] eine mögliche Erklärung. ε-Martensit und direkt gebildeter α'-Martensit führen demnach zu keiner Verschlechterung bzw. sogar zu einer Verbesserung der Korrosionsbeständigkeit. Für α'-Martensit, welcher sich aus ε-Martensit gebildet hat, wurde allerdings eine deutliche Reduktion des Lochfraßpotentials detektiert. Die Keimbildung trat dabei vorwiegend an den Kreuzungspunkten der ε-Martensitbänder auf, welche auch als bevorzugte Stellen für die Bildung von α'-Keimen angesehen werden [Eck95, Ols75, Str92]. Eckstein [Eck95] und Heller et al. [Hel81] führen dies darüber hinaus auf den Einfluss des Legierungselementes Nickel zurück, welches über die Beeinflussung der Austenitstabilität zu unterschiedlichen Diffusionsraten von Nickel und Chrom und somit zu einer inhomogeneren und instabileren Passivschicht an den martensitischen Oberflächenbereichen führt. Hierdurch kommt es zur selektiven Auflösung der Martensitphase infolge einer Ansäuerung an den Lochkeimen. Dieser Effekt, welcher im Aktivbereich in saurer Lösung festgestellt wurde, weist auf einen signifikanten Einfluss des für die Messung eingesetzten Elektrolyts und dessen pH-Wertes bei ANS mit Martensitphase hin [Hel81]. Dies deckt sich teilweise mit den bereits oben aufgeführten Aussagen in Bezug auf die Beeinflussung des metastabilen Lochwachstums bei erhöhten Umformgraden [See14, Fen16].

Eine weitere Differenzierung zum Einfluss der Kaltverformung und des Umformgrades ist anhand der Untersuchungen von Kumar [Kum05] und Seemann [See14] möglich. Einachsig umgeformte Proben weisen bei steigendem Umformgrad eine Reduktion des Lochwachstumspotentials auf. In Abhängigkeit von der untersuchten Legierung kommt dieser Effekt beim Erreichen eines bestimmten Umformgrades zum Erliegen und die Korrosionsbeständigkeit nimmt nicht weiter ab [Peg09, Fu09]. Kumar et al. [Kum05] führt dies auf die vorhandene Eigenspannung infolge des Umformprozesses und der daraus resultierenden Textur des metallischen Gitters im oberflächennahen Bereich zurück. Mit zunehmendem Umformgrad und stärkerer Ausprägung der α´-Phase wird dieser Effekt teilweise kompensiert. In Übereinstimmung mit diesen Untersuchungen wurde in Theorieansätzen der bereits oben genannte kritische Umformgrad entwickelt [Kum05, Pe07, Pe09, Fu09], wobei dieser Effekt nur teilweise durch Versuche bestätigt werden konnte.

2.3 Kaltverformung bei austenitischen Stählen

Aufbauend auf den Grundlagen zu metastabilen austenitischen nichtrostenden Stählen werden in diesem Kapitel die bekannten und erforschten Zusammenhänge zwischen der vorliegenden Phasenverteilung in Abhängigkeit vom Umformgrad, sowie die daraus resultierenden Werkstoffeigenschaften aufgeführt. Wenngleich die Umwandlungsmechanismen vom kubisch-flächenzentrierten (kfz) γ-Austenit zum hexagonal dichtest gepackten (hdp) ε-Martensit und dem kubisch-raumzentrierten (krz) α‘-Martensit weitgehend bekannt sind und in einer Vielzahl von unterschiedlichen wissenschaftlichen Arbeiten detailliert beschrieben werden, sollen nachfolgend diese Grundlagen bezugnehmend auf den aktuellen Stand der Forschung dargestellt werden. Metastabile austenitische Stähle

Neben der meist höheren Korrosionsbeständigkeit von austenitischen nichtrostenden Stählen gegenüber martensitischen oder ferritischen Stählen ist das sehr gute Umformvermögen als wichtige technische Eigenschaft anzusehen [MB821, Geh09]. Der deutliche

Unterschied des Verfestigungsverhaltens in Abhängigkeit von dem metallischen Gefüges ist hierzu exemplarisch in *Abbildung 13* schematisch dargestellt [Fle14].

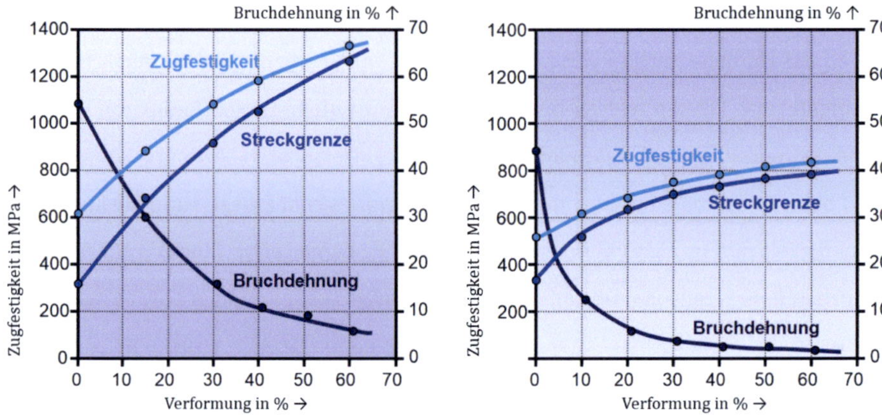

Abbildung 13: Schematische Gegenüberstellung des Verfestigungsverhaltens von nichtrostenden Stählen, Austenitische Stähle (Links) und Ferritische Stähle (Rechts) [Fle14]

Im Rahmen der martensitischen Umwandlung bei Fe-Ni-Cr Legierungssystemen ist sowohl die Bildung von α'-Martensit als auch von ε-Martensit aus dem γ-Austenit möglich. ε-Martensit wird dabei, in Abhängigkeit von der chemischen Zusammensetzung der vorliegenden Legierung, wiederum als metastabile Phase angesehen, welche sich bei zunehmender Umformung in α'-Martensit umwandelt. Zur Beschreibung der Deformations- und Umwandlungsmechanismen des Gefüges wird in der Literatur auf die Stapelfehlerenergie, kurz SFE, verwiesen. Als Berechnungsgrundlage dienen hierbei unterschiedliche, empirisch ermittelte Formeln, welche je nach Legierungssystem angewendet werden können. Je nach vorliegender SFE wird zwischen Versetzungsgleiten (SFE > 60 mJ/m^2) Zwillingsbildung/TWIP-Effekt (SFE 20 bis 60 mJ/m^2) und martensitischer Phasenumwandlung/TRIP-Effekt (SFE < 20 mJ/m^2) unterschieden [Kel65, Mai03, SFB761].

Durch gezielte Umformung können die mechanischen Eigenschaften maßgeblich verändert werden, wobei dies auf mehrere Effekte abhängig von dem Verformungsmechanismus, dem Umformgrade und der Legierungslage zurückzuführen ist. Die hieraus resultierende Festigkeitszunahme lässt sich nach Eckstein et al. [Eck90] auf Legierungskomponenten und die Kombination verschiedener nachfolgend aufgeführter Mechanismen zurückführen [Eck90, Ols75, Rag09, Wan12]:

- Mischkristallverfestigung
- Korngrenzenverfestigung
- Ausscheidungsverfestigung
- Versetzungsverfestigung (Kaltverfestigung)
- Zwillingsbildung
- Martensitbildung

Nachfolgend werden ausgesuchte Mechanismen aufgeführt, welche in Folge der Kaltumformung von metastabilen austenitischen Stählen zu einer Festigkeitssteigerung führen können. Der Großteil der wissenschaftlichen Arbeiten legt dabei den Schwerpunkt auf die ablaufende Zwillings- und Martensitbildung.

Die Mischkristallverfestigung bedient sich unterschiedlicher Legierungselemente, woraus eine Festigkeitssteigerung durch Einbau in die Gitterstruktur (Zwischengitter- oder Subsitutionsatome) resultiert. Korngrenzenverfestigung, Ausscheidungsverfestigung und Versetzungsverfestigung führen zu einer Festigkeitssteigerung durch Aufstauen von Versetzungen. Während bei den ersten beiden Mechanismen vorliegende Inhomogenitäten im metallischen Gitter zu diesem Effekt führen, liegt bei der Kaltverfestigung ein umformbedingter Einfluss vor, welcher auf die Steigerung der Versetzungsdichte und die daraus resultierende gegenseitige Behinderung der Versetzungsbewegungen im metallischen Gitter zurückzuführen ist [Eck90].

Neben den Arbeiten von Dan et al. [Dan08] und Tamura [82] ist auch auf die Arbeit von Seemann [See14] hinzuweisen, welche einen breiten Überblick über bisher durchgeführte Untersuchungen, sowie den unterschiedlichen empirischen Methoden zur Berechnung der Austenitstabilität für CrNi-Stähle gibt. Am Beispiel der Arbeit von Haušild et al. [Hau10] ist die Veränderung des vorliegenden metallischen Gefüges abhängig von einer aufgebrachten Verformung deutlich zu erkennen. Die in *Abbildung 14* dargestellten Gefügeaufnahmen zeigen eine deutliche Veränderung des Gefüges, hervorgerufen durch die

Zunahme der Verformung. Dies lässt auf eine höhere Versetzungsdichte und eine martensitische Umwandlung des metatstabilen austenitischen Gitters des hier untersuchten Werkstoffes 1.4310/AISI 301 schließen.

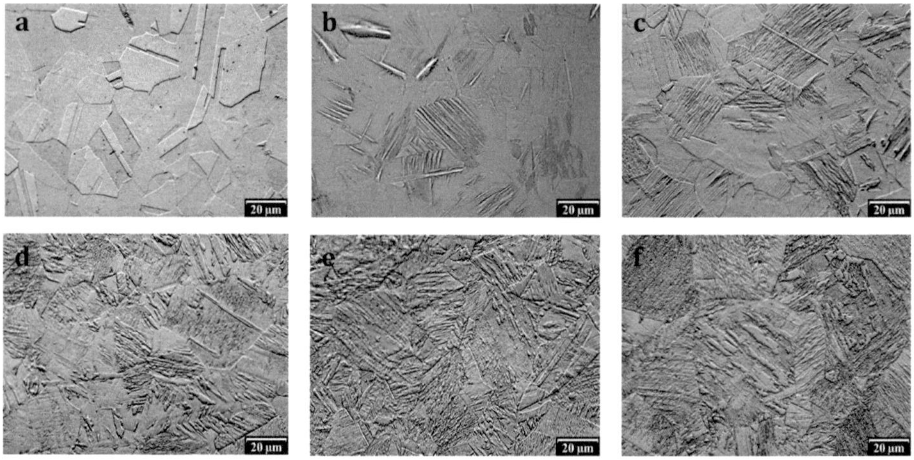

Abbildung 14: Gefügeaufnahmen mittels Lichtmikroskop des Werkstoffes 1.4310/AISI 301 in (a) nicht umgeformtem Zustand sowie nach vorangegangener plastischer Verformung, (b) 2,5 %, (c) 5 %, (d) 10 %, (e) 15 % und (f) 20 % [Hau10]

Die Veränderung der mechanischen Eigenschaften in Abhängigkeit von einer erfolgten plastischen Deformation wird nicht zuletzt in den Werkstoffdatenblättern der Stahlsorten 1.4301/AISI 304 und 1.4310/AISI 301 sichtbar [DEW14301, DEW14310]. Die Zusammenfassung der Daten nach Seemann [See14], sowie die Werkstoffdatenblätter erlauben die Darstellung der erzielten Zugfestigkeit über den Umformgrad in *Abbildung 15*. Diese zeigt die signifikante Erhöhung der Zugfestigkeit mit zunehmendem Umformgrad des Ausgangswerkstoffes. Mit der Steigerung der Zugfestigkeit verbunden ist ebenfalls eine deutliche Reduktion der Bruchdehnung, wie exemplarisch in *Abbildung 13* zu erkennen ist.

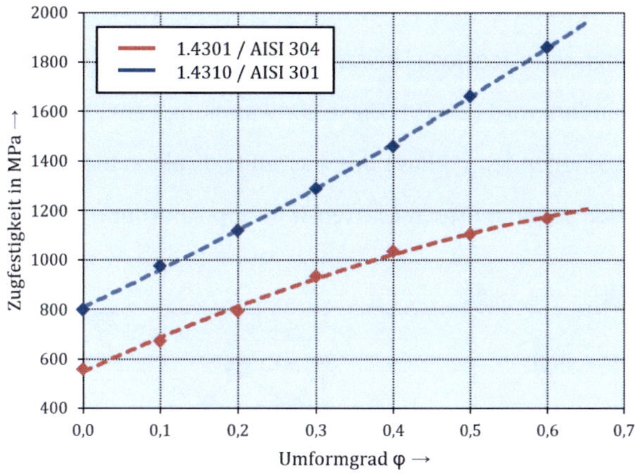

Abbildung 15: Vergleich der erzielten Zugfestigkeit bei unterschiedlichen Umformgraden der austenitischen nichtrostende Stähle 1.4301/AISI 304 und 1.4310/AISI 301

Okayasu et al. [Oka13] zeigt am Beispiel von gekerbten Zugproben für den Werkstoff 1.4301/AISI 304, dass bei kontinuierlicher Steigerung der Dehnung keine kontinuierliche Zunahme von α\`-Martensit vorliegt. Nach einer anfänglichen Initiierung erfolgt über einen längeren Messbereich keine signifikante Steigerung des vorliegenden Martensitanteils. Erst ab Erreichen der maximalen Zugfestigkeit und der direkt danach auftretenden Einschnürung an der Probe ist ein sprunghafter Anstieg festzustellen, wie in *Abbildung 16* ersichtlich.

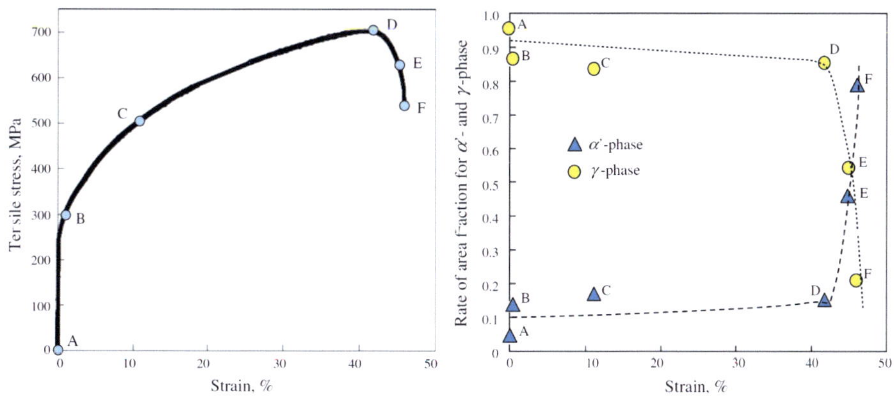

Abbildung 16: Exemplarischer Spannungsdehnungsverlauf für gekerbte Zugproben des Werkstoffes 1.4301 mit ausgesuchten Messpunkten (Links) sowie die Verteilung von α'- und γ'-Phase für die einzelnen Messpunkte (Rechts) [Oka13]

Die martensitische Phasenumwandlung in metastabilen austenitischen nichtrostenden Stählen erfolgt durch diffusionslose Umwandlung, bei welcher die chemische Zusammensetzung nicht verändert wird [Ols75]. Diese Umwandlung kann, wie in *Abbildung 17* dargestellt, von der vorliegenden γ-Phase des Austenits direkt in die kubisch raumzentrierte α'-Phase oder in den sogenannten ε-Martensit in hdp-Anordnung stattfinden.

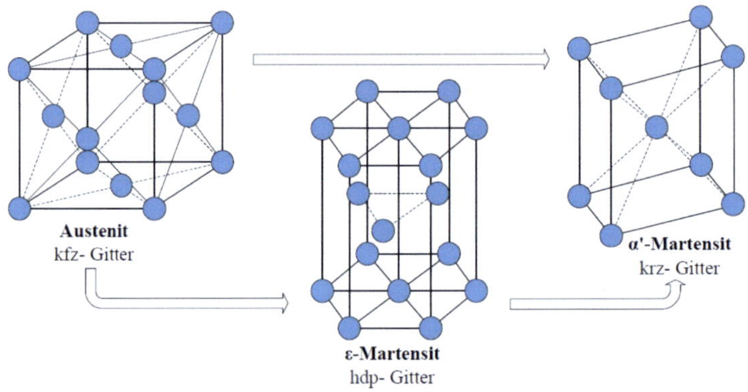

Abbildung 17: Umwandlungsmöglichkeiten der Martensitevolution in metastabilen austenitischen Stählen [See14]

Der ε-Martensit wird dabei als Zwischenstufenreaktion [Sch77, Tam82, Sch88, Mon19] oder als stabile Phase in Abhängigkeit von der vorliegenden Legierungslage und der aufgebrachten Spannung bzw. Deformation angesehen [Kau71, Ols72]. Für metastabile austenitische CrNi-Stähle zeigen hierbei die Arbeiten von Haušild et al. [Hau10] Okayasu und et al. [Oka13] keine messbaren Bildungen von ε-Martensit. Dem hingegen konnte Seemann [See14] ε-Martensit durch Anwendung von EBSD-Messungen bei geringen Umformgraden nachweisen. Über einem Umformgrad von φ = 0,2 konnten hingegen keine ε-Phase nachgewiesen werden, was sich mit den Ergebnissen von Schumann deckt [Sch77, Sch88].

Zur rechnerischen Beschreibung der Neigung von austenitischen Stählen, verformungsinduzierten Martensit zu bilden bzw. in diesen umzuwandeln, liegen unterschiedliche empirisch ermittelte Ansätze vor [Noh77, Pic84, Str91]. Nach Eckstein beziehen diese sich auf die γ → α'-Umwandlung [Eck90]. Zur Beschreibung der Phasenumwandlung werden hierzu die aus der Wärmebehandlung bekannten Grenztemperaturen M_s und M_d genutzt, welche den Bereich der Martensitbildung entsprechend einschränken [Bar08].

Mit Martensitstarttemperatur M_s ist diejenige Temperatur definiert, ab welcher bei Abkühlung eine martensitische Phasenumwandlung stattfindet [Bar08]. Die M_d-Temperatur ist die Temperatur, bei der eine durch Umformung induzierte martensitische Phasenumwandlung gerade noch stattfinden kann. Liegt die Temperatur höher, so ist eine durch Umformung induziert Phasenumwandlung nicht mehr möglich. Bei metastabil austenitischen nichtrostenden Stählen liegt diese über der M_s-Temperatur. Da die Ermittlung von M_d eine experimentelle Herausforderung darstellt, wird die M_{d30}-Temperatur als gängige Kenngröße angewendet. Bei dieser Temperatur liegt im einachsigen Spannungszustand bei 30 Prozent Umformung ein α'-Phasenanteil von 50 Prozent vor [Bar08].

In der Arbeit von Seemann [See14] werden unterschiedliche Berechnungsansätze ausführlich gegenübergestellt und diskutiert. Diese Ansätze unterscheiden sich deutlich in der angenommenen Gewichtung und der Wahl der Legierungselemente, was zu einer starken Streuung der berechneten Werte führt. Einigkeit herrscht jedoch darüber, dass mit einer Zunahme von Legierungsanteilen auch eine Zunahme der Austenitstabilität erfolgt [Noh77, Ryo11]. Insbesondere Kohlenstoff und Stickstoff wirken sich entsprechend am stärksten aus [Wei92]. Als weiterer Einflussfaktor wird die Korngröße angesehen, welche insbesondere in dem von Nohara et al [Noh77] erarbeiteten empirischen Ansatz berücksichtigt wird.

2.4 Oberflächenbearbeitung mittels Schleifen

2.4.1 Schleifen von austenititschen nichtrostenden Stählen

Der bereits oben aufgeführte Einfluss des Oberflächenzustandes auf die erzielte Korrosionsbeständigkeit erfordert eine detailliertere Betrachtung der Prozessparameter beim maschinellen Schleifen. Daher wird in diesem Kapitel der mögliche Einfluss des Schleifprozesses auf die metallurgischen Aspekte sowie die Oberflächenmorphologie erläutert. Es wird diesbezüglich gezielt auf bekannte Einflüsse der Fertigungsbedingungen auf die erzeugte Oberfläche eingegangen und diese unter Berücksichtigung von aktuellen Forschungsergebnissen diskutiert.

Die für die Definition technischer Lieferbedingungen von korrosionsbeständigen Stählen in Europa angewendete Norm DIN EN 10088-2 bietet für Bleche und Bandmaterial die Möglichkeit zur Beschreibung der Oberflächenzustände von Halbzeugen für die Weiterverarbeitung [DIN10088-2]. Die zur detaillierten Beschreibung von geschliffenen Oberflächen herangezogene Benennung der Korngröße des Schleifmittels bei der finalen Bearbeitung lässt hingegen einen breiten Spielraum der zu erwartenden Oberflächenqualität zu. Zwar liefern hierzu Publikation, wie beispielsweise das ISER-Merkblatt 984 [ISER984], Richtwerte mit welchen Oberflächenrauheiten in Abhängigkeit von der angewendeten Körnung zu rechnen ist, allerdings kann die erzielte Rauheit in der Praxis signifikant schwanken und ist stark von den angewendeten Prozessparametern abhängig [AIF18].

Der hohe Einfluss der möglichen Prozessparameter beim konventionellen Bandschliff auf die erzielten Oberflächeneigenschaften von metastabilen austenitischen nichtrostenden Stählen wird auch von Turnbull et al. [Tur11] und Zhou et al. [Zho17] bestätigt. Die meisten vorliegenden wissenschaftlichen Arbeiten stützen sich, auch aufgrund der wirtschaftlichen Bedeutung des Verfahrens, auf die Oberflächenbearbeitung mittels Bandschliff. Dabei stellt die Bearbeitung von austenitischen Stählen aufgrund ihrer hohen Zähigkeit, dem hohen Umformvermögen und der schlechten Wärmeleitfähigkeit eine Herausforderung dar [Jan96, Zho17]. Die Untersuchungen von Zhou et al. [Zho17] an dem Werkstoff 1.4301/AISI 304 mit unterschiedlicher Körnung, Anpresskräften und Geschwindigkeiten der eingesetzten Schleifbänder zeigen, dass mit zunehmenden Kräften und einer geringeren Körnung auch eine deutliche Zunahme der Eigenspannungen in der Bauteiloberfläche sowie ein ungleichmäßigeres Schliffbild vorliegen. Im Gegensatz zur Anwendung von Schleifscheiben, sind bei den Bandschleifverfahren die Körner des Schleifmittels auf der Unterlage im Bindemittel eingebettet und anfänglich vollständig bedeckt. Hieraus resultiert ein gesteigerter Ausbrechwiderstand, welcher die Gefahr des Splitterns oder der Kornabstumpfung erhöht [Den89]. Neben der Gefahr, ein stark inhomogenes Schleifbild zu erzeugen, kann es zu einem lokalen Anstieg des Reibkraftanteils und somit auch zur Erhöhung der Schleifwärme kommen. Die hieraus resultierende thermische Werkstückbeeinflussung kann in Verbindung mit den auftretenden Kräften zu einem thermomechanischen Belastungskollektiv führen, welches bei metastabilen Werkstoffen zur Veränderung der Eigenspannungszustände und zur Beeinflussung der vorliegenden kristallinen Struktur führen kann [Den89, Dus14].

Die Untersuchung des Schleifprozesses bei austenitischen nichtrostenden Stählen ist Bestandteil mehrerer Forschungsprojekte [BAM14 BAM19]. Die durchgeführten Untersuchungen nach Burkert et al. [BAM19] unterstreichen hierzu den Einfluss der Prozessparameter und des somit aufgebrachten thermomechanischen Belastungskollektives auf die Eigenschaften der erzeugten Oberfläche für bandgeschliffene Bauteile. Durch Anwendung von unterschiedlichen Schleifbändern (einlagig gestreut oder Granulat bzw. Multikorn und unterschiedliche Kornwerkstoffe in unterschiedlichen Reinheitsgraden) zeigen die Ergebnisse eine sehr große Streuung der erzeugten Bauteiloberflächen. Anhand der vorliegenden REM-Aufnahmen sind sehr häufig Rückstände der angewendeten Schleifkörner in der Oberfläche der Werkstücke zu erkennen, was auch auf das Verschleißverhalten der Schleifbänder zurückgeführt werden kann. Je nach Größe der in der Oberfläche verbleibenden Partikel, zu erkennen anhand der kombinierten Darstellung aus EDX-Spektrum und REM-Aufnahme in *Abbildung 18*, sind diese sowohl in Bezug auf die optischen und haptischen Eigenschaften als auch in Bezug auf die erzielbare Korrosionsbeständigkeit als Störfaktor anzusehen [BAM19].

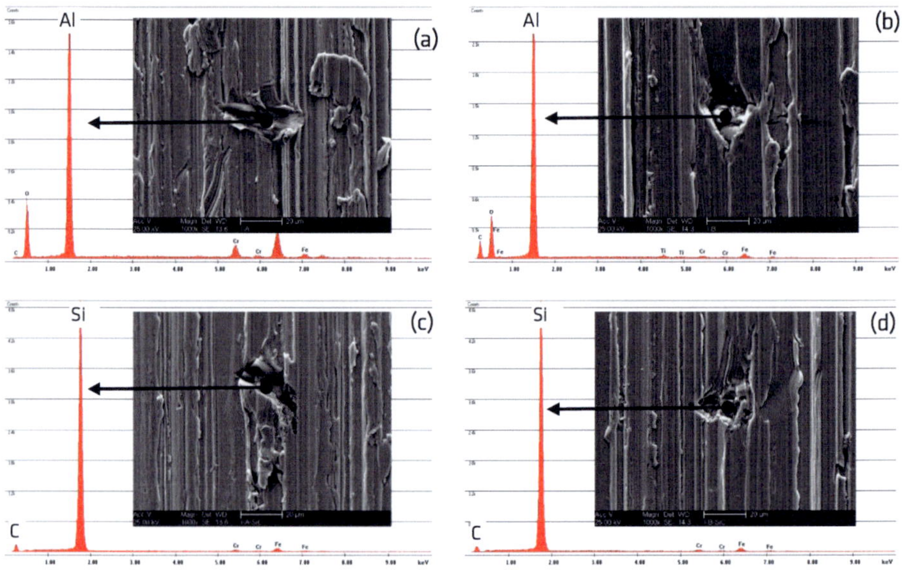

Abbildung 18: REM-Aufnahme und zugehöriges EDX-Spektrum von eingedrückten auf der Bauteiloberfläche verbleibenden Schleifpartikeln bei mit Bandschliff bearbeiteten Oberflächen: geschliffen mit (a) einlagig gestreutes Al_2O_3-Korn; (b) Al_2O_3-Granulat; (c) einlagig gestreutem SiC-Korn; (d) SiC-Granulat, nach Burkert et al. [BAM19]

Die Gegenüberstellung von Siliziumkarbid (SiC) und Korund (Al_2O_3) erfordert die Berücksichtigung der technischen Unterschiede dieser synthetischen Kornwerkstoffe. Edelkorund verfügt im Allgemeinen über eine niedrigere Härte nach Knoop aber über eine höhere relative Zähigkeit als Siliziumkarbid. Die Härte nach Knoop für Edelkorund beträgt nach Klocke [Klo05] 2000-2160 HK, während die Härte für Siliziumkarbid 2400-3000 HK betragen kann. In Bezug auf die Zähigkeit der Kornwerkstoffe ist zudem die vorliegende Korngröße von Bedeutung. Wie *Abbildung 19* zeigt, führt eine höhere Körnung, also eine kleinere Korngröße, zu einem Anstieg der vorliegenden Kornzähigkeit K_{IC}.

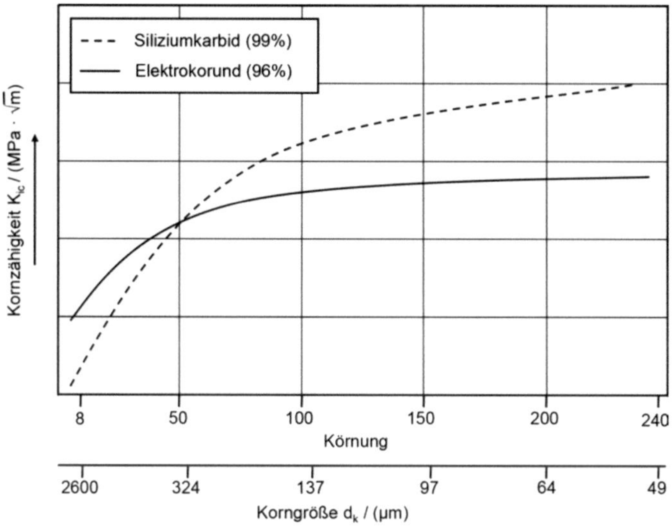

Abbildung 19: Zähigkeit von Al_2O_3 und SiC in Abhängigkeit von der vorliegenden Korngröße nach Klocke [Klo05]

Während sich maschineller Bandschliff insbesondere zur Bearbeitung von Blech- und Bandmaterial anbietet, kann durch Anwendung von Flachschliff bzw. Plan-Umfangs-Längsschleifen eine homogenere und gleichmäßigere Oberfläche erzeugt werden [Kön89, Klo05]. Die Bearbeitung durch Schleifen wird als Feinbearbeitungsverfahren im Wesentlichen zur Endbearbeitung von Bauteilen mit hohen Anforderungen an Oberflächengüte sowie Maß- und Formgenauigkeit eingesetzt. Ziel dieser Bearbeitung ist die wirtschaftliche Erzeugung einer Oberfläche mit entsprechenden Anforderungen an Geometrie sowie physikalischen und chemischen Eigenschaften. Bedingt durch die Prozessparameter können die thermomechanischen Vorgänge bei der Spanbildung eine Veränderung der stofflichen Eigenschaften in der Werkstückrandzone bewirken [Wil08]. Die Arbeiten von Wilke [Wil08] und Duscha [Dus14] zeigen am Beispiel der auftretenden thermomechanischen Belastung beim Plan-Umfangs-Längsschleifen, wie die mechanischen Eigenschaften und Eigenspannungen an der Bauteiloberfläche von Wälzlagerstahl infolge von Gefügeumwandlung verändert werden können. Die in beiden Arbeiten aufgegriffene Gegenüberstellung der realen Messwerte mit simulierten Prozesse beim Schleifen weist dabei ebenfalls auf die Komplexität der untersuchten Vorgänge hin.

2.4.2 Technologische Grundlagen des Plan-Umfangs-Längsschleifens

Die Grundlagen zur Beschreibung des Schleifprozesses sowie die relevanten Einflussgrößen sind Bestandteil verschiedener Arbeiten. Insbesondere König et al. [Kön89] hat durch seine Forschung und das Zusammenführen von wissenschaftlichen Arbeiten eine tiefgreifende Zusammenfassung der Prozesskinematik und Einflussfaktoren geschaffen. Im Rahmen dieses Unterkapitels werden deshalb nur die für diese Arbeit relevanten Aspekte der Schleiftechnologie aufgegriffen und näher erläutert. Die Beschreibung der Prozesskinematik wird dabei auf ein Mindestmaß für die Betrachtung dessen Einflusses auf die erzeugte Oberflächentopografie sowie die daraus resultierenden metallurgischen Effekten reduziert.

2.4.2.1 Differenzierung und Definition der Verfahren

Als Verfahrensvarianten wird beim Plan-Umfangs-Längsschleifen je nach Prozessparametern und Zeitspanvolumen zwischen Pendelschleifen, Tiefschleifen und Hochleistungsschleifen differenziert. Diese werden in nachfolgender *Abbildung 20* für das Plan-Umfangs-Längsschleifen nach DIN 8589 illustriert.

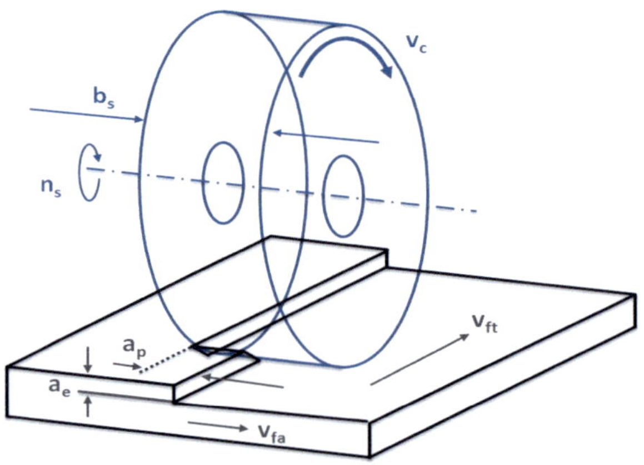

Abbildung 20: Prozessgrößen zur Beschreibung der Verfahrensvarianten beim Plan-Umfangs-Längsschleifen [DIN 8589]

Als wesentliche Stellgrößen gelten hierbei die Schnittgeschwindigkeit v_c, die Zustellung a_e und die Vorschubgeschwindigkeit v_{ft}. Für die Berechnung des Zeitspanvolumens Q_w (siehe

Gleichung (8), welches den zeitspezifischen Materialabtrag angibt und somit als Leistungsmerkmal für den Prozess herangezogen werden kann, ist zusätzlich die Eingriffsbreite der Schleifscheibe a_p von Bedeutung [Kön89].

$$Q_w = a_e * a_p * v_{ft} \tag{8}$$

Um unterschiedliche Schleifprozesse, insbesondere Pendelschleifen und Tiefschleifen, miteinander vergleichen zu können, erfolgt die Berechnung des Zeitspanvolumens als relative Größe bezogen auf die Eingriffsbreite a_p oder das Scheibenprofil bei profilierten Schleifscheiben [Kön89].

$$Q'_w = a_e * v_{ft} \tag{9}$$

Das konventionelle Pendelschleifen erfolgt mit Schnittgeschwindigkeiten zwischen v_c = 15 bis 63 m/s wobei Zeitspanvolumina von Q'_w = 0,01 bis 15 $mm^3/(mm*s)$ erreicht werden. Zur Abgrenzung der unterschiedlichen Verfahrensvarianten des Plan-Umfangs-Längsschleifens kann gemäß Wilke [Wil08] nachfolgende *Tabelle* 1 herangezogen werden:

Verfahren	Schnittgeschwindigkeit v_c	Zustellung a_e	Vorschubgeschwindigkeit v_{ft}	bez. Zeitspanungsvolumen Q'_w
	m/s	mm	m/min	$mm^3/(mm*s)$
Pendelschleifen	15 - 63	0,001 – 0,1	0,3 - 30	0,01 - 15
Schnellhubschleifen	15 – 63	0,001 – 0,1	30 – 200	0,5 – 30
Hochgeschwindigkeitsschleifen	80 – 250	0,001 – 0,1	0,3 – 30	0,01 – 30
Tiefschleifen	15- 63	0,1 - 30	0,06 – 0,3	0,1 – 30
Hochleistungsschleifen	80 - 250	0,1 - 30	0,5 - 10	50 – 2000

Tabelle 1: Abgrenzung der Verfahrensvarianten beim Plan-Umfangs-Längsschleifen nach Wilke [Wil08]

Das Schnellhubschleifen stellt gegenüber dem Pendelschleifen eine Verfahrenserweiterung über eine erhöhte Vorschubgeschwindigkeit dar. Hochgeschwindigkeitsschleifen zeichnet sich durch eine deutlich erhöhte Schnittgeschwindigkeit v_c aus. Dabei kann durch eine gleichbleibende Zerspannungsleistung wie beim Pendelschleifen, eine deutliche Reduktion der auftretenden Schleifkräfte erzielt werden, was einen geringeren Schleifscheibenverschleiß sowie eine bessere Oberflächengüte zur Folge hat [Kön89, Wil08].

Für die Erzeugung von entsprechenden Profilen bzw. Strukturen wird Tiefschleifen eingesetzt. Wenngleich dieses Verfahren ein ähnliches Zeitspanvolumen Q'_w wie das konventionelle Pendel-schleifen aufweist, liegen hier deutliche Unterschiede bei den kinematischen Schneideingriffsbedingungen und somit bei den auftretenden Schnittkräften vor, welche aus einer deutlich erhöhten Zustellung a_e sowie der gesteigerten geometrischen Kontaktlänge l_g zwischen Werkstück und Schleifscheibe resultieren [Kön89]. Die Kombination des Tiefschleifens mit dem Hochgeschwindigkeitsschleifen führt zum Hochleistungsschleifen, welches sich durch hohe Schnittgeschwindigkeiten und einer erhöhten Vorschubgeschwindigkeit gegenüber dem Tiefschleifen auszeichnet. Die dabei auftretenden Schnittkräfte stellen hohe Anforderungen an die eingesetzten Werkzeuge, weshalb für diese Anwendungen insbesondere galvanisch gebundene CBN-Schleifscheiben zum Einsatz kommen [Wil08].

2.4.2.2 Prozesskinematik des Plan-Umfangs-Längsschleifens am Beispiel des Pendelschleifens

Das Schleifen zeichnet sich durch eine Vielzahl von einzelnen, nahezu gleichzeitig stattfindenden Korneingriffen in das Werkstück aus. Die Prozesskinematik kann deshalb, bezogen auf das gesamte Schleifwerkzeug, als integral aller wirkenden Größen oder als lokal wirkende Größen, bezogen auf das jeweilige Schleifkorn, betrachtet werden. Letzteres bringt dabei erhebliche Ansprüche an die Messtechnik mit sich und lässt sich im industriellen Umfeld nur schwer integrieren [Dus14].

Für die Beschreibung des Kontaktes zwischen Korn und Werkstück bietet die häufig angewandte Einzelbetrachtung die Möglichkeit zur chronologischen Betrachtung von einzelnen Abläufen. So lässt sich der Kontakt beim bahngebundenen Korneingriff nach Lortz [Lor75] in drei Phasen unterteilen. In der ersten Phase erfolgt eine elastische Verformung von Schleifscheibe und Werkstück durch den bahngebundenen Schneideneingriff auf einer flachen Bahn in die Werkstückoberfläche. Es wirken hierbei ausschließlich Reibkräfte zwischen Schneide und Werkstück. In der zweiten Phase folgt hieraus eine zusätzliche plastische Verformung an der Werkstückoberfläche, resultierend aus den steigenden Schnittkräften in der Kontaktzone, welche zu lokalen Aufwerfungen des Werkstoffes durch ein Hindurch- bzw. Vorbeifließen entstehen. Die Spanbildung erfolgt in der dritten Phase durch Überschreiten der erforderlichen Mindestschnitteinsatztiefe T_{μ} und tritt stets entlang der maximalen Schubspannungen auf [Kön89, Dus14].

Die Untersuchungen von Lortz [Lor75] beschreiben hierbei die plastomechanischen Vorgänge beim Schleifprozess, welche durch das Eindringen des Korns in die Werkstückoberfläche entstehen. Die auftretende Spanbildung entsteht dabei stets an Bereichen, an welchen zwischen der Schneide und dem Werkstoff keine Relativbewegung vorliegt. Es kommt zum Abscheren des Spans wobei die weitere Spanbildung durch elastische und plastische Verformungen dominiert wird [Lor75, Kön89]. Neben den geometrischen Rahmenbedingungen sind nach König [Kön89] auch die Reibverhältnisse sowie die Fließeigenschaften des bearbeiteten Werkstoffes von entscheidender Bedeutung für Effizienz beim Materialabtrag, wodurch sich auch der erhebliche Einfluss von Kühl-Schmier-Emulsionen ableiten lässt [Kön89, Wil04].

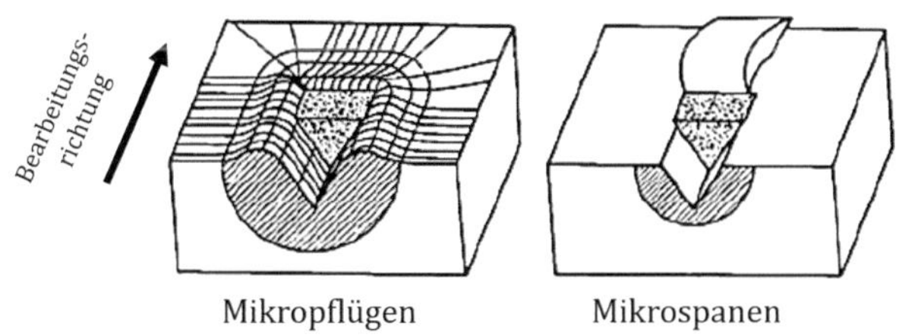

Abbildung 21: Gegenüberstellung der Abtragsmechanismen Mikropflügen und Mikrospanen [Wil04]

Wilke [Wil04] vergleicht in seiner Arbeit die Spanbildung mit den aus der Tribologie stammenden Verschleiß- bzw. Abtragsmechanismen, wobei anzumerken ist, dass es bei Zerspanungsprozessen nie zu einem ausschließlichen Auftreten einzelner Spantypen kommt. Je nach Prozessparameter, der auftretenden Reibung zwischen Werkstoff und Schneide sowie möglicher Werkstoffverfestigung lässt sich die Spanbildung in die in *Abbildung 21* dargestellten Haupttypen Mikropflügen und Mikrospanen aufteilen. Diese lassen sich in weiterer Folge jeweils in zwei Untergruppen einteilen. Für den Mechanismus des Mikropflügens differenziert Wilke weiter zwischen Mikropflügen und Mikrofurchen. Beim Mikrospanen hingegen wird je nach plastischer Deformation des Werkstoffes zwischen Schälspanen und Fließspanen unterschieden [Wil04].

Mikrospanen tritt allgemein bei hohen Schnittgeschwindigkeiten und vergleichsweise hohen Spanungsdicken auf [Wil04]. Der Werkstoff erfährt eine entsprechend plastische Verformung, fließt an den regellos angeordneten Spanflächen der Schleifkörner vorbei und wird dort in weiterer Folge abgeschält. Erfolgt das Abtrennen der Späne im Schnittspalt aufgrund lokal hoher Schubspannungen, so werden diese als Fließspäne bezeichnet [Wil04]. Werden Schnittgeschwindigkeiten und Spanungsdicke reduziert, erfolgt vermehrt ein Mikropflügen durch verstärkte Bildung von Aufwerfungen entlang der Schneideneingriffsbahn. Die Bildung von Mikrofurchen ist auf weiter reduzierte Spanungsdicke zurückzuführen. Der Materialabtrag resultiert dabei aus der hohen plastischen Deformation und dem daraus resultierenden Abplatzen des stark verfestigten Werkstoffes von der bearbeiteten Oberfläche [Wil04].

Da bei der Bearbeitung keiner der oben genannten Mechanismen einzeln auftritt, erfolgt die Bestimmung des dominanten Mechanismus für das jeweilige System anhand nachfolgender *Gleichung (10)* [Klo05].

$$f_{ab} = \frac{A_V - A_1 + A_2}{A_V} \tag{10}$$

Ergibt das berechnete Flächenverhältnis f_{ab} einen Wert von Null, so liegt ideales Mikropflügen vor, da im Sinn der in *Abbildung 22* dargestellten Flächenverhältnisse der gesamte, durch die Zerspanung im Werkstück abgetragene Querschnitt A_v in Form der Aufwerfungen A_1 und A_2 neben der erzeugten Furche aufgeworfen wird. Wird hingegen der gesamte abgetragene Querschnitt A_v in Form von Spänen von der Werkstückoberfläche abtransportiert, so liegt ein Flächenverhältnis f_{ab} von 1 vor [Klo05].

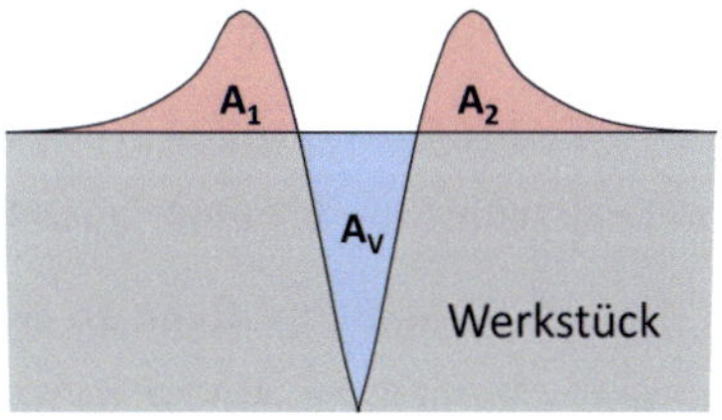

Abbildung 22: Schematische Darstellung der Flächenverhältnisse zwischen abgetragener Fläche A_V und aufgeworfenen Flächen A_1 und A_2 einer idealisierten Zerspanung mit einem Einkornwerkzeug – Blickrichtung in Bearbeitungsrichtung

Diese in *Abbildung 22* aufgeführte Darstellung der sich einstellenden Flächenverhältnisse ist als idealisiert anzusehen, da bei einer schleiftechnischen Bearbeitung einer Bauteiloberfläche die erzeugten Aufwerfungen durch nachfolgende Schleifkörner oder wiederholtes Überschleifen der Oberfläche einer entsprechenden Deformation ausgesetzt sind. Die erzeugte Oberfläche ist somit abhängig von den mechanischen Eigenschaften des Werkzeuges und des Werkstückes sowie von den angewandten Prozessparametern [Koe89, Klo05].

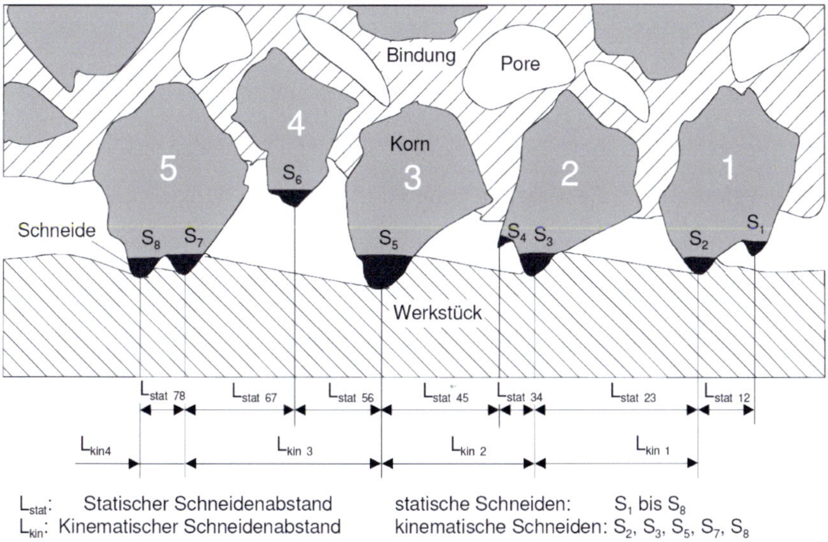

Abbildung 23: Qualitative Darstellung von Schleifkörnern im Eingriff mit Darstellung des Schneidenversatz-Grenzwinkels und statischen sowie kinematischen Schneidenabstand nach Steffens und König [Ste83, Klo05, Dus14]

Je nach Kontaktfläche zwischen Schleifscheibe und Werkstück sowie je nach vorliegender Körnung der Schleifscheibe kommt eine entsprechend große Zahl an Schneiden gleichzeitig zum Einsatz. Dabei können die Schneiden bei einer ausreichend großen Kontaktzone beim Pendelschleifen als statistisch verteilt angenommen werden. Die in *Abbildung 23* dargestellten Körner sind nur teilweise an der Spanbildung beteiligt. Die mit S bezeichneten Schneiden werden dabei als statische Schneiden und als kinematische Schneiden eingeordnet. Statische Schneiden sind alle Schneiden, welche sich auf der Topografie der Schleifscheibe pro Längeneinheit befinden. Bei den kinematischen Schneiden handelt es sich hingegen ausschließlich um die an der aktuellen Spanbildung beteiligten Schneiden. Entscheidend hierbei ist der Abstand von zwei aufeinanderfolgenden Kornspitzen zum Schleifscheibenmittelpunkt. Zur Beschreibung wird in der Literatur der Schneidenversatz-Grenzwinkel tan ε_{gren} herangezogen. Dieser setzt sich aus dem Geschwindigkeitsverhältnis q und von der Schleifumfangsgeschwindigkeit v_s zur Tischvorschubgeschwindigkeit v_w sowie der Zustellung a_e und dem Schleifscheibendurchmesser d_s zusammen, wie in Gleichung *(11)* dargestellt.

$$\tan \varepsilon_{gren} = \frac{1}{q} * 2 * \left(\frac{a_e}{d_s}\right)^{\frac{1}{2}} \tag{11}$$

Während des Schleifens üben alle im Eingriff befindlichen Schneiden jeweils einzeln Kraft aus, deren Vektorsumme die wirkende Schnittkraft ergibt. Die Wirkrichtung der einzelnen Kräfte ist durch das Schleifwerkzeug und dessen Bahnbewegung relativ zum Werkstück vorgegeben. Die Wirksumme der einzelnen Schneidenkräfte ergibt dabei das thermische und mechanische Belastungskollektiv [Dus14]. Die örtliche und auch betragsmäßige Verteilung der wirkenden thermomechanischen Belastung ist maßgeblich für die Gleichmäßigkeit und die Qualität der erzeugten Oberfläche [Kön89].

Zur genaueren Differenzierung der Wirkrichtung können die Schleifkräfte in die Umfangsrichtung der Schleifscheibe wirkende Tangentialkraft F_t, die radial auf die Schleifscheibe wirkende Normalkraft F_n, und die parallel zur Schleifscheibenrotationsachse wirkende Axialkraft F_a unterteilt werden [Kön89]. Steffens [Ste83] leitet hieraus den Quotienten μ aus Tangentialkraft zu Normalkraft ab und nimmt diesen als Schnittkraftverhältnis an, um das

Reibungsverhältnis in der Kontaktzone zwischen Schleifkörnern und Werkstück zu charakterisieren.

$$\mu = \frac{F_t}{F_n} \qquad (12)$$

Nach König führen hierbei scharfe Körner zu geringeren Normalkräften und höheren Tangentialkräften, wodurch das Schnittkraftverhältnis deutlich erhöht wird. Ebenfalls von Bedeutung ist dabei der Einfluss der Vorschubgeschwindigkeit bei konstant gehaltenem Zeitspanvolumen. König verweist auf den Anstieg des Spannungsquerschnitts, wodurch die Spanbildung früher erreicht wird und sich die plastische und elastische Verformung des Werkstoffs reduziert. Hieraus resultiert der Ansatz, dass die erforderliche Schnittleistung P_c proportional zur auftretenden Tangentialkraft F_t ist [Kön89, Klo05].

$$P_C = F_t * v_c \qquad (13)$$

Zur weiterführenden Beschreibung der Prozesskinematik und deren Einfluss auf die erzeugte Bauteiloberfläche können energetische und thermische Betrachtungen herangezogen werden. In den Arbeiten von Duscha [Dus14] und Wilke [04] werden diese Ansätze jeweils genutzt, um eine bewusste Gefügebeeinflussung zu bewirken bzw. die Auswirkung des thermomechanischen Belastungskollektivs auf das oberflächennahe Gefüge und dessen Spannungszustände zu untersuchen.

2.4.2.3 Einsatzvorbereitung der Schleifscheibe

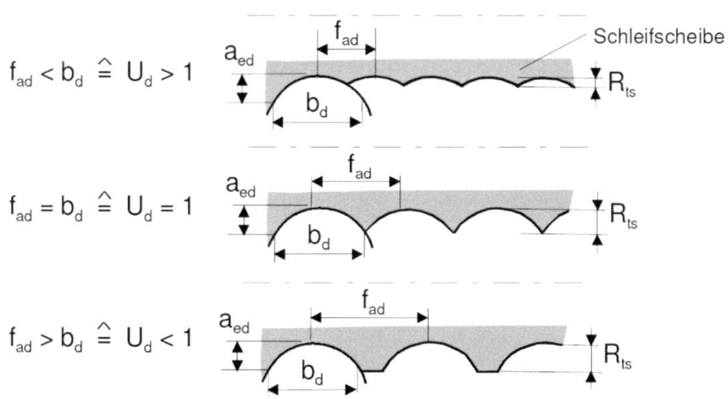

Abbildung 24: Einfluss des Abrichtüberdeckungsgrades auf die Schleifscheibenwirkrautiefe R_{ts} [Klo05]

Die Schneideneigenschaften und damit auch das Verhalten im Bearbeitungsprozess werden beim Schleifen maßgeblich von der Aufbereitung des Werkzeuges beeinflusst. Maßgebliche Stellgrößen für die Erzeugung der Topografie des Schleifkörpers sind nach Klocke [Klo05] der Abrichtüber-deckungsgrad U_d (siehe *Abbildung 24*), der Abrichtgeschwindigkeitsquotient q_d und die Abrichtzustellung a_{ed} bzw. der radiale Abrichtvorschub f_{rd}. Der Abrichtüberdeckungsgrad U_d wird bei einer axialen Bewegung des Abrichtwerkzeuges zur Werkzeugoberfläche berechnet, wie in *Gleichung (14)* dargestellt.

$$U_D = \frac{b_d}{f_{ad}} \tag{14}$$

Dabei stellt f_{ad} den axialen Vorschub des Abrichtwerkzeuges pro Schleifscheibenumdrehung und b_d die Breite im Eingriff des Abrichtwerkzeuges dar (siehe *Abbildung 24*). Es ist zu berücksichtigen, dass in den meisten Anwendungsfällen nicht die gesamte Wirkbreite des Abrichtwerkzeuges im Eingriff ist ($f_{ad} < b_d$). Daraus ergibt sich die erweiterte Berechnung des Abrichtüberdeckungsgrads unter Berücksichtigung der axialen Vorschubgeschwindigkeit v_{fad} als Produkt der Schleifscheibendrehzahl n_s mit dem Abrichtvorschub f_{ad}, wie in *Gleichung (15)* dargestellt [Klo05].

$$v_{fad} = f_{ad} \cdot n_s \tag{15}$$

2.4.2.4 Einfluss von Kühlschmierstoff auf die erzielte Bauteiloberfläche

Die technischen Anforderungen an eingesetzte Kühlschmierstoffe sind vielfältig. Vorrangiges Ziel ist es, das vorliegende tribologische System, bestehend aus Schleifwerkzeug, Werkstückwerkstoff, Kühlschmierstoff und umgebendes Medium, während der Bearbeitung in einem stabilen Zustand zu halten. Die Hauptaufgabe des Kühlschmierstoffes ist dabei der gleichmäßige Abtransport der Wärme, um thermische Schädigungen zu vermeiden [Klo05]. Bedingt durch unterschiedliches Benetzungsverhalten und unterschiedlicher Wärmekapazität ergibt sich abhängig von dem angewendeten Medium sowie dessen chemischer Zusammensetzung und der Art der Aufbringungen, eine direkte Beeinflussung des Schleifergebnisses, welches sich beispielsweise in Form der erzielten Oberflächenrauheit direkt an der Bauteiloberfläche erfassen lässt [Klo05].

Wie in *Abbildung 25* schematisch für Bandschliff dargestellt, ergibt sich beim Trockenschliff ein deutlich höheres Zeitspanvolumen und eine höhere Oberflächenrauheit im Vergleich zu unterschiedlichen Kühlschmiermedien. Bei zunehmender Schleifzeit ist allerdings mit einem starken Abfall dieser Werte im Trockenschliff zu rechnen. Insbesondere die Anwendung von Kühlschmieremulsion und Fett führt zu einem deutlich geringeren Zeitspanvolumen, wobei bei längerer Anwendung des Schleifmittels nur mit einem geringen Abfall zu rechnen ist. Die erzielte Oberflächenrauheit ist bei längerer Anwendung von Emulsion oder Fett als vergleichbar anzusehen [NN14].

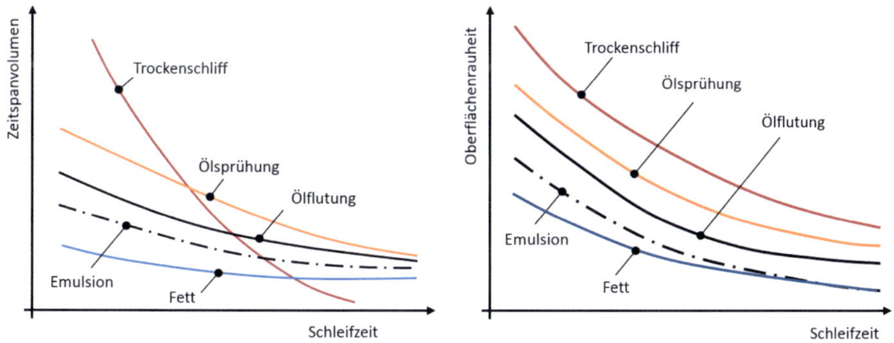

Abbildung 25: Schematische Darstellung des Einflusses der Kühlschmierstoffart auf das Zeitspanvolumen und die Oberflächenrauheit am Beispiel beim Bandschleifen [NN14]

Während bei hochdynamischen Schleifprozessen, wie beispielsweise dem Schnellhubpendelschleifen oder dem Hochgeschwindigkeitsschleifen, die lokal eingebrachte Wärmemenge je Schleifhub vergleichsweise gering ist, ist bei niedriger Schnittgeschwindigkeit die Anwendung von Kühlschmiermedien dringend erforderlich, um eine thermomechanische Veränderung des Grundwerkstoffes zu reduzieren bzw. zu vermeiden [Klo05, Dus14].

2.4.3 Betrachtung der Gefügeumwandlung infolge des Schleifprozesses

Trotz Anwendung von Kühlschmierstoffen kann eine lokale Beeinflussung des Werkstoffgefüges nicht ausgeschlossen werden. Diese lässt sich dabei in drei Phasen einteilen: Aufheizphase (AHP), Haltephase (HP) und Abkühlphase (AKP). Die eingebrachte thermische Energiemenge, Haltezeit und Temperaturänderungsgeschwindigkeit sind dabei entscheidend für die ablaufenden Gefügeumwandlungen. Nach Berns [Ber93] und Duscha

[Dus14] ergibt sich hieraus eine Beanspruchungshistorie, welche sich über unterschiedliche Temperaturen charakterisieren lässt. Es kann zu verschiedenen lokalen Phasenumwandlungen kommen, welche die kristallographische Struktur in Abhängigkeit von der jeweiligen Temperatur und der damit verbundenen Enthalpieänderung beeinflussen. Ausschlaggebend im Schleifprozess sind nach Bern die Aufheizrate T_{AHP}, die erreichte maximale Temperatur T_{max}, die Haltedauer der Schleiftemperatur t_{halt} und die Abkühlrate T_{AKP} [Ber93]. Die jeweiligen Temperaturen im Schleifprozess sind wiederum abhängig von der eingebrachten Gesamtenergie in das System.

Je nach Anwendung kann bei nichtrostenden Stählen das Schleifen sowohl vor als auch nach entsprechenden mechanischen Formgebungsschritten erfolgen. Angesichts der Beeinflussung der mechanischen Eigenschaften infolge der Anwesenheit von Martensit bei einem austenitischen Werkstück kann hieraus auch eine signifikante Veränderung des thermomechanischen Belastungskollektivs resultieren [Tur11, Zho17].

Der direkte Vergleich der erzielten Spannungszustände beim konventionellen Bandschliff anhand der Untersuchungsergebnisse nach Turnbull et al. [Tur11] mit den Ergebnissen des Schnellhub-Pendelschleifens nach Duscha [Dus14] zeigt hierbei, dass die erzielten Eigenspannungen durch das Plan-Umfangs-Längsschleifen deutlich reduziert werden können. Hieraus ist insbesondere bei meta-stabilen Gefügen die Möglichkeit zur fertigungsbedingten Martensitbildung im Sinne des Schleifhärtens gegeben.

Das vorwiegende Ziel der schleiftechnischen Bearbeitung von austenitischen nichtrostenden Stählen ist eine definierte Oberflächenqualität, aus welchen gewünschte Oberflächenfunktionalitäten resultieren. Je nach vorliegenden Eingangsgrößen führt das aufgebrachte thermomechanische Belastungskollektiv in der Werkstückrandzone zu einer Beeinflussung der Spannungszustände. Diese Eigenspannungen, werden nach Macherauch [Mac73] als Spannungen verstanden, welche auch ohne das Einwirken von äußeren Kräften definiert sind. Diese können in Eigenspannungen I., II. und III. Art differenziert werden. Eigenspannungen I. Art sind in Betrag und Richtung über größere Werkstoffbereiche homogene, wodurch sich makroskopische Maß- und Gestaltänderungen ergeben.

Eigenspannungen II. Art sind hingegen nur über lokal begrenzte Werkstoffbereiche konstant und umfassen dabei einzelne Körner oder Kornbereiche im Werkstoff. Die Eigenspannungen III. Art sind inhomogen auftretende Spannungen, welche sich ebenfalls als Kräfte oder Momente äußern, aber nur im Bereich von wenigen Atomen im Gleichgewicht liegen und somit bezogen auf das Werkstück entsprechend inhomogen verteilt vorliegen können [Mac73, Mac83].
Für das Schleifen von Bauteiloberflächen können sich je nach Eingangsgrößen durch das erzeugte thermomechanische Belastungskollektiv Eigenspannungen aller oben aufgeführten Arten ergeben. Für die Bearbeitung von umwandelbaren Stählen kann durch lokales und kurzzeitiges Überschreiten der Austenitisierungstemperatur die Martensitbildung begünstigt werden. Diese auf hohe Schleiftemperaturen zurückzuführende thermische Überbeanspruchung hat infolge des Martensits eine Volumenzunahme und führt somit zu einer Erhöhung der Druckeigenspannungen [Dus14]. Für metastabile austenitische Stähle ist eine mögliche Phasenumwandlung in der Werkstückrandzone nicht auf die thermische Einwirkung, sondern auf die plastische Deformation zurückzuführen. Während eine Erhöhung der Temperatur zu einer Stabilisierung des Austenitgebietes führt, kann eine stärkere elastoplastische Verformung zu einer verstärkten Bildung von spannungsinduziertem Martensit führen. Für einen konventionellen Reibkontakt ohne spanabhebenden Vorgang liegen im Sinn der Hertzschen Pressung die maximale Spannung und somit die maximale Martensitbildung unter der Bauteiloberfläche vor [Wer16].

Wie die Ergebnisse von Duscha [Dus14] zeigen, kann die vorliegende Eigenspannung am bearbeiteten Werkstoff im Bereich der Oberfläche sehr stark durch die Wahl der Zustellung a_e je Schleifhub und die Gesamtzahl der Schleifhübe beeinflusst werden.

2.5 Zwischenfazit zum Stand der Forschung und Problemstellung

Die Grundlagen zum Aufbau, Erhalt und Zusammenbruch der Passivschicht von austenitischen Stählen ist Bestandteil einer Vielzahl von Forschungsarbeiten und Veröffentlichungen und kann als weitestgehend bekannt angesehen werden. Ebenfalls herrscht hinsichtlich des Umwandlungsverhaltens dieser metastabilen Werkstoffe vorwiegend Einigkeit in der Literatur. Hier ist unter anderem die Arbeit von Seemann [See14] exemplarisch zu nennen, in welcher der Einfluss von Kaltumformung auf metastabile austenitische Stähle systematisch aufgearbeitet wurde.

Der Einfluss der Kaltumformung auf die Korrosionsbeständigkeit bleibt umstritten. Dies zeigt zum Beispiel die Arbeit von Monrrabal [Mon19], in welcher der Einfluss der vorliegenden Zugeigenspannungen auf das elektrochemische Verhalten aufgeführt wird. Anhand der herangezogenen Literatur konnte die kontrovers geführte Diskussion hinsichtlich des Einflusses von Martensit in kaltverformten metastabilen austenitischen Stählen nicht abschließend geklärt werden.

Da die konventionelle Formgebung von metallischen Bauteilen und die maschinelle mechanische Bearbeitung, insbesondere durch Umformprozesse, immer zum lokalen Auftreten von Kaltverformung im Bereich der Bauteiloberfläche führen kann, ist deren Einfluss bei passiven Werkstoffen von entscheidender Bedeutung. Infolge der Wirkung der Passivschicht und maßgeblichen Mechanismen für deren Bildung und Zusammenbruch ist dieser Aspekt für die Werkstoffe der Gruppe der nichtrostenden Stähle von besonderer Bedeutung [Ach12].

Die bereits im Vorfeld dieser Arbeit erfolgten Forschungsaktivitäten, durchgeführt durch die Bundesanstalt für Materialforschung und -prüfung [BAM14, BAM19], zeigen, dass hinsichtlich der Oberflächenbeschaffenheit von austenitischen nichtrostenden Stählen infolge von mechanischer Bearbeitung weiterhin Forschungsbedarf besteht. Die dort untersuchten und variierten Einflussfaktoren zeigen zum Teil deutlich, dass die hohe Komplexität des Zusammenspiels bei der schleiftechnischen Bearbeitung von metastabilen austenitischen Stählen nur im begrenzten Rahmen das Ableiten von direkten und linearen Zusammenhängen erlaubt. Hierzu ist insbesondere der Einfluss der angewendeten Abrasivstoffe im Schleifprozess und dessen Auswirkung auf die Oberflächentopografie nicht einheitlich geklärt. Schleifpartikel auf der Bauteiloberfläche, wie sie beispielsweise infolge von nicht optimal abgestimmten Bandschleifprozessen vorliegen können, zeigen eine starke Beeinflussung der Oberflächentopografie und des Korrosionsverhaltens [BAM2019]. Klocke et al. [Klo05] weist hierzu auf deutliche Unterschiede in der Härte der angewendeten Abrasivstoffe sowie auf die Abhängigkeit von der Zähigkeit von der Korngröße bzw. Körnung hin. Wilke [Wil04] weist hierzu auf die unterschiedliche Ausprägung der Topografie in Abhängigkeit von der beim Schleifen angewendeten Prozessparameter hin, wodurch grundsätzlich zwischen Pflügen und Spanen differenziert wird. Ob und welche Beeinflussung die Korrosionsbeständigkeit als eine der maßgeblichen Eigenschaften für die Gruppe der nichtrostenden Stähle infolge von Kaltumformung und weiterführender Oberflächenbearbeitung erfährt, kann anhand des aktuellen Standes der Forschung nicht eindeutig geklärt werden.

Die Vergleichbarkeit von unterschiedlichen Schleifverfahren und deren Auswirkung auf die erzielte thermomechanische Einwirkung auf das Werkstück ist anhand der vorliegenden Literatur nicht ausreichend möglich. Das Zusammenspiel der Prozessgrößen bei den einzelnen Verfahren lässt nach Klocke et al. [Klo05] allerdings den Schluss zu, dass für eine versuchstechnische Anwendung das Pendelhubschleifen zu reproduzierbareren Ergebnissen führt. Der Einfluss von verfahrensbedingten Störgrößen auf die Versuchsergebnisse lässt sich infolge des weggesteuerten Verfahrens auf ein Minimum reduzieren. Dieser Ansatz wird auch anhand der von Duscha [Dus14] durchgeführten Arbeit mit dem darin enthaltenen Vergleich zwischen simulierten und berechneten Eigenspannungszuständen bestätigt. Wie die Arbeit von Duscha [Dus14] zeigt, können Veränderungen der Eigenspannungszustände durch die Wahl der Schleifparameter erzeugt, aber auch verhindert werden. Eine thermisch induzierte Umwandlung für austenitische Stähle kann dabei bei konventionellem Pendelhubschleifen weitestgehend ausgeschlossen werden.

3 Präzisierung der Aufgabenstellung

Metastabile nichtrostende austenitische Stähle sind aufgrund ihren Eigenschaftsprofils in einer Vielzahl von technischen und dekorativen Anwendungen anzutreffen. Die deutlich bessere Umformbarkeit des Austenits gegenüber dem Ferrit, welche aufgrund der Legierungslage und des Herstellprozesses bei den austenitischen nichtrostenden Stählen auch bei Raumtemperatur anzutreffen ist, macht diese Werkstoffe insbesondere für Kaltumformprozesse anwendbar. In Abhängigkeit von der Austentitstabilität und vom angewendeten Umformgrad ist hierbei mit einer Veränderung mechanischer Eigenschaften und ggf. auch korrosionschemischer Eigenschaften zu rechnen, was auf die Bildung von Martensit zurückzuführen ist.

Die Korrosionsbeständigkeit, welche beispielsweise bei Anwendungen in der Lebensmittel- oder Pharmaindustrie gefordert ist, wird bei diesen Werkstoffen ebenfalls erreicht. Hinzu kommen die dekorativen Eigenschaften von metallischen Oberflächen. Diese werden bei einer Vielzahl von Konsumgütern genutzt, um neben den haptischen und funktionalen Eigenschaften einer Oberfläche aus korrosionsbeständigem Stahl das Produkt als möglichst hochwertig darzustellen. Für Blechware erfolgt hierzu die Bearbeitung zumeist bei darauf spezialisierten Servicecentern, wobei anschließend eine Weiterverarbeitung mit Umformprozessen erforderlich ist. Für andere Bauteile ist fertigungs-bedingt eine mechanische Nachbearbeitung der Oberfläche erst nach einem erfolgten Umformprozess möglich.

Unterschiedliche wissenschaftliche Veröffentlichungen sowie auch industrielle Forschungsprojekte widmen sich dabei vorwiegend der erzielten Korrosionsbeständigkeit in Abhängigkeit von der angewendeten Oberflächenbearbeitung ohne zu einem Konsens zu kommen. Als Ursache hierfür wird teilweise die Vielzahl an Einflussparametern aufgeführt. Die für Untersuchungen angewendeten Werkstoffe liegen dabei meist im lösungsgeglühten und somit idealisierten Zustand vor.

Die wesentlichen Erkenntnisdefizite zum Einfluss der Oberflächenbearbeitung auf die erzielte Bauteiloberfläche in Abhängigkeit von der angewendeten Bearbeitungsverfahren und Parameter liegen im Einfluss des Umformgrades und der daraus resultierenden Änderung der mechanischen Eigenschaften von metastabilen austenitischen Stählen. Wenngleich wissenschaftlich der Einfluss der Oberflächenrauheit auf die erzielte Korrosionsbeständigkeit von nichtrostenden austenitischen Stählen sehr umfangreich untersucht wurde, fehlt bisweilen eine Verbindung zum systematischen Zusammenhang zwischen der erzielten Oberflächenrauheit und Oberflächentopografie bei gleichbleibenden Verarbeitungsparametern.

Aufgrund hoher Verbreitung und der großen wirtschaftlichen Bedeutung von Produkten mit geschliffenen Edelstahloberflächen besteht der Bedarf, die Zusammenhänge zwischen der erzielten Oberflächentopografie, der angewendeten Prozessparameter und des vorliegenden Umformgrades von nichtrostenden metastabilen austenitischen Stählen zu erforschen. Um die dominanten Einflussfaktoren zu identifizieren und deren Einfluss und Gewichtung auf die erzielte Korrosionsbeständigkeit darzustellen, leitet sich das folgende Forschungsziel ab:

Forschungsziel: Das Ziel der Arbeit ist die Beschreibung des Einflusses von Umformgrad und Prozessparametern der Oberflächenbearbeitung mit geometrisch unbestimmter Schneide auf die erzielte Oberflächentopografie sowie die Korrosionsbeständigkeit von nichtrostenden metastabilen austenitischen Stählen.

Forschungshypothese: Die erzielten Eigenschaften der Oberfläche, welche sich bei nichtrostenden Stählen insbesondere durch die Beständigkeit gegen Lochfraß darstellen, wird wesentlich durch die Art und die Parameter der jeweiligen Oberflächenbearbeitung beeinflusst. Diese Beeinflussung liegt nicht in Form einer Veränderung der chemischen Zusammensetzung, sondern in Form von lokalen Störstellen in der Oberfläche und der Passivschicht vor. Der vorliegende Umformgrad eines meta-stabilen austenitischen Stahls führt infolge einer Oberflächenbearbeitung zu einer erheblichen Beeinflussung der erzielten Oberflächentopografie, was wiederum zur Veränderung der Korrosionsbeständigkeit führen kann. Durch gezielte Anpassung der angewendeten Parameter auf den vorliegenden Umformgrad, kann bei vergleichbarer Oberflächenrauheit einer schleiftechnisch bearbeiteten Oberfläche eine signifikante Verbesserung der Beständigkeit gegenüber Lochfraß erzielt werden.

Teilhypothese 1: Der Messwert für die erzielte Mittenrauheit steht bei gleichen Bearbeitungsverfahren nicht in direktem Zusammenhang mit der erzielten Korrosionsbeständigkeit einer bearbeiteten Oberfläche. Bei der Gegenüberstellung der erzielten Korrosionsbeständigkeit in Abhängigkeit von der Oberflächenrauheit ist das angewandte Fertigungsverfahren und die dort eingesetzten Parameter dominant.

Teilhypothese 2: Die Anwendung einer bestimmten Körnung beim Schleifen von metastabilen austenitischen Stählen kann, abhängig vom Umformgrad des Grundwerkstoffes sowie der angewendeten Prozessparameter, zu unterschiedlichen Rauheitswerten der erzeugten Oberfläche führen.

Teilhypothese 3: Der eingesetzte Kornwerkstoff beim Schleifen von metastabilen austenitischen Stählen beeinflusst systematisch die erzeugte Oberflächentopografie. Infolge der höheren Härte von Siliziumkarbid gegenüber Korund führt dies bei einer höheren Härte des Grundwerkstoffes zu einer homogeneren Oberfläche.

Teilhypothese 4: Die Beständigkeit gegenüber Korrosion von geschliffenen Oberflächen wird durch die vorliegende Oberflächentopografie maßgeblich beeinflusst. Durch Angabe von standardisierten linienförmig erfassten Rauheitswerten wird diese Oberflächentopografie nicht ausreichend genug erfasst, um daraus eine systematische Abhängigkeit abzuleiten. Es ist möglich, einen qualitativen Rückschluss auf die Beständigkeit gegenüber Korrosion durch eine flächige Charakterisierung von geschliffenen Oberflächen zu ziehen. Eine homogenere Oberflächentopografie weist eine höhere Beständigkeit gegenüber Lochfraß auf.

Teilhypothese 5: Eine Veränderung der mechanischen Eigenschaften des Grundmaterials infolge von erhöhtem Umformgrad führt bei gleichbleibenden Bearbeitungsparametern zu einer Beeinflussung der erzeugten Oberflächentopografie.

Zur Validierung des Gesamtzieles sind neben der maschinellen weggesteuerten schleiftechnischen Bearbeitung auch Referenzversuche in anderen gängigen Oberflächenausführungen erforderlich. Vorversuche zur Wahl der Untersuchungsparameter erlauben eine Eingrenzung des Versuchsfeldes. Die Anforderungen an die Oberflächenbearbeitungsverfahren sind dabei so gelegt, dass eine gezielte Variation einzelner Parameter möglich ist. Die Anwendung von unterschiedlichen elektrochemischen Untersuchungsmethoden soll zu einer Steigerung der Aussagekraft und der Differenzierbarkeit der erreichbaren Korrosionsbeständigkeit führen.

4 Untersuchungsmethoden

4.1 Werkstoffe

4.1.1 Metastabile austenitische CrNi-Stähle

Für die Untersuchung werden zwei verschiedene metastabile CrNi-Stähle mit unterschiedlichem Anwendungsprofil herangezogen. Deren Auswahl erfolgt aufgrund unterschiedlicher Austenitstabilität, basierend auf der berechneten M_S- und M_{d30}-Temperatur bei vergleichbarer Korrosionsbeständigkeit. Ebenfalls berücksichtigt wird die rechnerisch ermittelte Stapelfehlerenergie, um infolge der Kaltumformung möglichst eine direkte Umformung hin zu α'-Martensit ohne die Bildung von ε-Martensit zu ermöglichen. Als Grenzwert wird eine Stapelfehlerenergie von SFE ≤ 20 mJ/m² für eine $\gamma \rightarrow \varepsilon$-Umwandlung herangezogen [SFB761]. Die Berechnung erfolgt hierzu in Anlehnung an Seemann [See14] auf Grundlage von $\gamma_{SFE,6}$ nach *Tabelle 7*. Zur Vorauswahl der Korrosionsbeständigkeit wird der PREN-Wert herangezogen [DEW14301, DEW14310], der für beide Werkstoffe möglichst ähnlich sein sollte.

Der verwendete Werkstoff 1.4301/AISI 304 ist unter den nichtrostenden austenitischen Stählen der Werkstoff, der meist verbreitete, da dieser bei ökonomisch verträglichem Legierungsgehalt eine entsprechende Korrosionsbeständigkeit (PREN nach Normung: 17,5 – 21,1) mit hohem Umform-vermögen verbindet. Neben dekorativen Anwendungen kommt dieser Werkstoff vorwiegend im klassischen Maschinen- und Anlagenbau, der Lebensmittelindustrie sowie in der Automobilindustrie zur Anwendung. Hinzu kommt, dass dieser Werkstoff Gegenstand einer Vielzahl von wissenschaftlichen Arbeiten und Studien ist, was ihn für eine Gegenüberstellung von Ergebnissen prädestiniert [DEW14301, See14, GaM15, TIS26].

Der zweite untersuchte Werkstoff 1.4310/AISI 301 wird von Herstellern als eine „magere" Version des Werkstoffes 1.4301/AISI 304 bezeichnet [DEW14310]. Chrom- und Nickelgehalt sind reduziert, wobei ein leicht erhöhter Kohlenstoffgehalt zu einer Stabilisierung der austenitischen Phase beiträgt. Dies erhöht wiederum die Neigung zur Bildung von Chromkarbiden, was allerdings die Korrosionsbeständigkeit herabsetzen kann. Unter Berücksichtigung der PREN, liegt dieser Werkstoff nach Normung zwischen 16,0 – 23,4 und weist somit ein breiteres Band als der Werkstoff 1.4301/AISI 304 auf. Mit Verweis auf die häufig in der Literatur aufgeführten Diskussionen hinsichtlich der Aussagekraft der PREN, wird der Werkstoff 1.4310/AIS 301 wegen des niedrigeren Nickel- und Chromgehalts meist als weniger korrosionsbeständig angesehen als der referenzierte Werkstoff 1.4301/AISI 304. Aufgrund der mechanischen Eigenschaften wird der Werkstoff 1.4310/AISI 301 vorwiegend für die Herstellung von nichtrostenden Federn angewendet [See14, GaM15, DEW14301, DEW14310].

Wie bereits oben aufgeführt, erfolgt die Werkstoffauswahl auf Basis der unterschiedlichen Legierungslage bei nahezu gleichem PREN und damit nahezu gleicher Korrosionsbeständigkeit im lösungs-geglühten Zustand. Einen entscheidenden Unterschied stellt hierbei der Kohlenstoffgehalt dar. Dessen Einfluss auf die Martensitbildung wird am Beispiel der Berechnung des Kennwertes M_{d30} (α'-Martensit), wie bereits im Stand der Forschung aufgeführt, ersichtlich. Im Gegensatz hierzu nehmen die empirischen Formeln zur Berechnung der Stapelfehlerenergie (ε-Martensit) vorwiegend auf die Legierungselemente Chrom und Nickel Bezug. Nachfolgende *Tabelle 2* zeigt hierzu die chemische Zusammensetzung der verwendeten Werkstoffe unter Berücksichtigung der sich nach DIN EN 100883 [DIN10088-3] gegebenen Grenzwerte.

Werkstoff		C	Cr	Ni	Mo	Mn	N	Si	P	S
X5CrNi18-10	Soll	Max. 0,07	17,5 - 19,5	8,0 - 10,5	-	Max. 2,0	Max. 0,1	Max. 1,0	Max. 0,045	Max. 0,03
1.4301 / AISI 304	Ist	0,034	18,08	8,02	0,12	1,23	0,065	0,34	0,029	0,001

	PREN	Md_{30} in °C
Soll	17,1 - 21,1	-124,6 bis 79,25
Ist	19,5	9,68

Werkstoff		C	Cr	Ni	Mo	Mn	N	Si	P	S
X10CrNi18-8	Soll	0,05 -0,15	16,0 - 19,0	6,0 - 9,5	Max. 0,8	Max. 2,0	Max. 0,1	Max. 2,0	Max. 0,045	Max. 0,015
1.4310 / AISI 301	Ist	0,101	16,72	6,50	0,67	1,21	0,063	1,12	0,028	0,003

	PREN	Md_{30} in °C
Soll	16,0 - 23,4	-439,9 bis 114,15
Ist	19,9	25,17

Tabelle 2: Legierungslage der verwendeten Werkstoffe als Masseanteile auf 100 Prozent ausgeglichen mit Eisen sowie die daraus berechneten Kennwerten PREN und M_{d30}

Die theoretische Bandbreite von M_{d30} zeigt für beide Werkstoffe einen hohen möglichen Spielraum. Für die gewählten Legierungslagen zeigt sich, dass sich bei ähnlicher Korrosionsbeständigkeit nach PREN auf Grundlage der M_{d30}-Temperatur ein unterschiedlicher Martensitanteil im Gefüge ergeben sollte.

4.1.2 Probenvorbehandlung durch Kaltwalzen

Die im Rahmen dieser Arbeit verwendeten Werkstoffe liegen in Form von Probenblechen mit einer Ausgangsstärke von 1,50 mm im lösungsgeglühten Zustand vor. Zum Erzielen der unterschiedlichen Umformgrade kommt ein SACK-Walzwerk in Quatro-Anordnung an der RWTH-Aachen zur Anwendung. Beim Kaltwalzen der Bleche wird die maximale Blechtemperatur stets unter 60°C gehalten, um die Beeinflussung der temperaturabhängigen γ in α'-Umwandlung durch den Walzprozess so gering wie möglich zu halten. Entsprechend dieser Temperatur-Obergrenze werden die Bleche in mehreren Stichen auf das gewünschte Maß gewalzt. Die Temperaturmessung erfolgt mit einem Infrarotthermometer (Voltcraft IR 260-8S) unmittelbar beim Austreten des Bleches aus den Walzen [See14].

Für den definierten Umformgrade $\varphi = 0{,}3$ sind für den Werkstoff 1.4301/AISI 304 fünf Stiche und für den Werkstoff 1.4310/AISI301 sieben Stiche erforderlich. Der Umformgrad $\varphi = 0{,}6$ kann für den Werkstoff 1.4301/AISI 304 mit insgesamt sieben Stichen und für den Werkstoff 1.4310/AISI 301 mit insgesamt acht Stichen realisiert werden, ohne dass die oben genannte Grenztemperatur von 60°C überschritten wird.

4.1.3 Metallografie

Zur Bestimmung des Gefüges erfolgen metallografische Untersuchungen an geschliffenen und polierten Proben mittels Ätzung mit Hilfe einer sogenannten V2A-Beize (100 cm^3 HCl (37 %), 100 cm^3 H_2O, 10 cm^3 HNO_3 und 0,3 cm^3 Vogel´sche Sparbeize) für 30 bis 90 Sekunden bei 55 °C. Zur Bestimmung von Umformmartensit, der in diesen Stählen bei Kaltumformung entsteht, erfolgt die Ätzung nach Kane (Stammlösung: 60 cm^3 HCl (37 %), 6 cm^3 H_2O, 6 g Kuper (II)-chlorid; vor dem Ätzen mit gleicher Menge H_2O aufgefüllt). Die Ätzung geschieht bei Raumtemperatur für 5-10 Sekunden, wobei die Dauer und Temperatur zwischen den untersuchten Werkstoffen und abhängig von dem Umformgrad gezielt variiert wird. In der Gegenüberstellung unterschiedlicher Ätzmethoden erweist sich diese als geeignet, um α`-Martensit zu detektieren [Wer16, Hoe17-1, Hoe17-2].

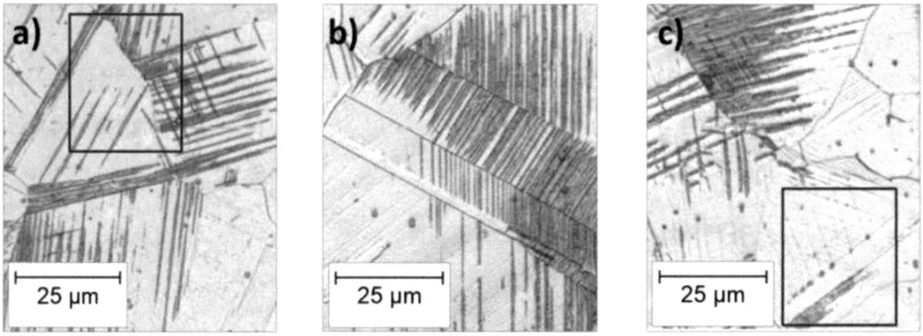

Abbildung 26: Detektion von Nukleationsstellen von Umformmartensit mittels Ätzung nach Kane; a) Korngrenzen, b) Zwillinge und c) Scherbandkreuzungen [Hoe17-2]

Wie in *Abbildung 26* zu erkennen, kann die Bildung von Martensitembryonen an Korngrenzen, an Zwillingen oder an Lanzetten detektiert werden. Mit zunehmender Deformation steigt die Dichte der Martensitlanzetten, wobei infolge eines sehr hohen Umformgrades die Interpretation schwieriger wird. Dies deckt sich mit den Beobachtungen von Hedayati et. al. [Hed10], wonach die Ausbildung eines nanokristallinen Gefüges mit einem Martensitgehalt von mehr als 95 Prozent zu beobachten ist. Die in diesem Rahmen durchgeführten Untersuchungen zeigten auch, dass eine quantitative Bestimmung des Martensitgehaltes im Gefüge auf Grundlage der Ätzung nach Kane nicht möglich ist.

Die exemplarische Gegenüberstellung von nach Kane geätzten Proben mittels REM-Aufnahmen, welche dieselbe Position der Proben zeigen, lässt erkennen, dass mit der Ätzung ein Großteil der Strukturen auch lichtmikroskopisch sichtbar wird (siehe *Abbildung 27*). Einzelne sehr feine Strukturen hingegen können aufgrund der begrenzten Vergrößerung der Lichtmikroskopie nicht erfasst werden. Da infolge der gewählten Umformgrade $\varphi = 0,3$ und $\varphi = 0,6$ bereits eine im Gefüge stark ausgeprägte Bildung von α'-Martensit vorliegt, ist diese untere Grenze der Sensitivität des gewählten Verfahrens nicht als Einschränkung zu sehen [Hoe17-2].

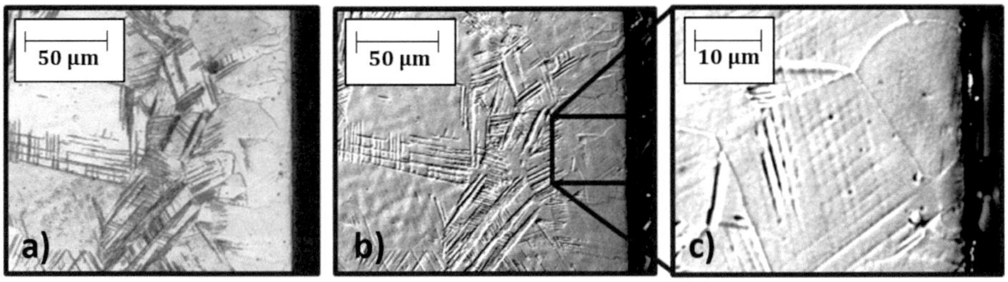

Abbildung 27: Gegenüberstellung von a) lichtmikroskopischer Aufnahme einer Kane geätzten Probe mit martensitischen Strukturen bei einem Umformgrad von φ = 0,1 mit b) REM-Aufnahme und c) entsprechender örtlicher Vergrößerung [Hoe17-2]

4.1.4 Chemische Zusammensetzung der Passivschicht

Die Bestimmung des chemischen Aufbaus der Passivschicht erfolgt durch Anwendung von XPS-Tiefenscans. Die Versuche erfolgen unter Ultra-Hoch-Vakuum (Kammerdruck maximal $6*10^{-9}$ mbar) an einem Jeol JPS 9200 Mikroskop. Um eine möglichst genaue Abbildung des Tiefenprofils der Passivschicht zu erzielen, erfolgt die Anwendung von eines Sputterprofils von 1 nm bei einer Messfläche von 100 µm x 100 µm.

Vor Versuchsdurchführung werden die Proben mittels Ultraschallbad in einem Ethanol-Aceton-Gemisch gereinigt und staubgeschützt für mindestens 120 h bei mindestens 80 Prozent relativer Luftfeuchte und 50°C im Klimaschrank zur gleichmäßigen Bildung der Passivschicht ausgelagert.

4.1.5 Beobachtung der Martensitevolution

Neben der bereits oben erwähnten metallurgischen Ätzung zur qualitativen Identifikation von α'Martensit bzw. Scherbändern nach Kane werden zur Quantifizierung des Martensitgehalts bzw. des Martensitvolumens zwei weitere Messmethoden angewendet.

Durch magnetinduktive Messung mittels FERITOSCOPE Typ MP30 der Fa. Helmut Fischer GmbH erfolgt die Differenzierung zwischen magnetisierbaren Phasenanteilen (α'-Martensit, δ-Ferrit) und dem austenitischen nichtmagnetisierbaren Phasenanteil. Als Messsonde wird eine Einpolmesssonde, Typ EGAB1.3-Fe für austenitische Werkstoffe verwendet, wobei der Messkopf mittels Federmechanismus auf die Oberfläche des Prüflings gedrückt wird, um so den Einfluss des Messabstandes möglichst zu minimieren. Die Kalibrierung des Messsystems erfolgt dabei auf Basis von Normalien mit unterschiedlichem Ferritgehalt. Die hieraus abgeleiteten Messwerte werden zur Ermittlung des α'Anteils mit dem Korrekturfaktor 1.7 multipliziert, um dadurch den korrekten Volumenanteil zu erhalten [Tal04, Ber14, See14, Wer16, Hoe17-2].

Die Erregerspule erzeugt ein niederfrequentes Magnetfeld, welches durch den magnetischen Wider-stand der Probe beeinflusst wird. Die in einer Messspule induzierte Spannung dient wiederum als Messwert, anhand dessen der Ferritgehalt bestimmt werden kann [Hoe17-2].

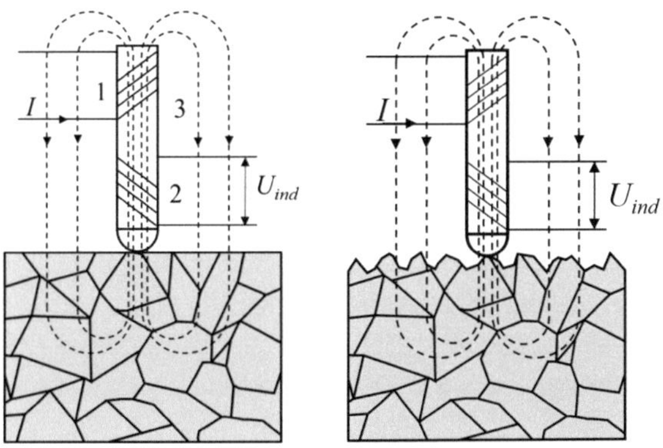

Abbildung 28: Schema des Funktionsprinzips des FERITSCOPE® der Helmut Fischer GmbH mit 1. Erregerspule; 2. Messspule; 3. Eisenkern (Links) und Einfluss der Oberflächenrauheit (Rechts) [Hoe17-2]

Der schematische Vergleich in *Abbildung 28* zwischen einer idealisierten Oberfläche und einer realen, rauen Oberfläche zeigt, dass eine Beeinflussung der Messwerte u.a. durch die Oberflächenrauheit erfolgt. Dies wurde bereits durch Werner [Wer16] genauer untersucht und nachgewiesen. Anwendbare Korrekturfaktoren für unterschiedliche Rauheitsklassen liegen allerdings nicht vor [Hoe17-2].

Zur weiteren Bestimmung des Martensitgehaltes kommt die Untersuchungsmethode Electron Backscatter Diffraction (EBSD) zur Anwendung. Bei der EBSD handelt es sich um eine Erweiterung im Rasterelektronenmikroskop (REM), wobei damit sowohl quantitative als auch qualitative Untersuchungen an metallischen Gefügen möglich sind. Im direkten Vergleich zur oben erwähnten, rein quantitativen Bestimmung des ferromagnetischen α'-Phasenanteils ist hiermit auch die räumliche Bestimmung von Kornorientierungen sowie die Detektion des ε-Phasenanteils möglich. Wie bei der konventionellen Anwendung des REM trifft der Elektronenstrahl auf die zu untersuchende metallische Probe (siehe *Abbildung 29*). Im Fall der EBSD-Messung ist diese geneigt. Durch die Elektronen werden verschiedene Ebenen des Kristallgitters angeregt, wodurch die Elektronen je nach räumlicher Orientierung des angeregten Gitters auf dem Phosphorschirm die sogenannten Pseudo-Kikuchi-Linien erzeugen. Im Gegensatz zur Transmissionselektronenmikroskopie, bei welchem das RHEED-Verfahren (reflection high energy electron diffraction) zur Erzeugung von Kikuchie-Linien genutzt wird, nutzt die Elektronenmikroskopie beim EBSD-Verfahren die rückgestreuten Elektronen zur Abbildung der Pseudo-Kikuchi-Linie. Diese Linien, welche mittels einer Kamera erfasst werden, können somit für jeden einzelnen Messpunkt des untersuchten Probenausschnitts zusammengefasst werden, um Kristallorientierung und –struktur zur erfassen. Durch die Orientierung und den Abstand der erfassten Pseudo-Kikuchi-Linien lässt sich für jeden Messpunkt die Art sowie die räumliche Orientierung bestimmen und in Form eines Falschfarbenbildes darstellen [Zae04].

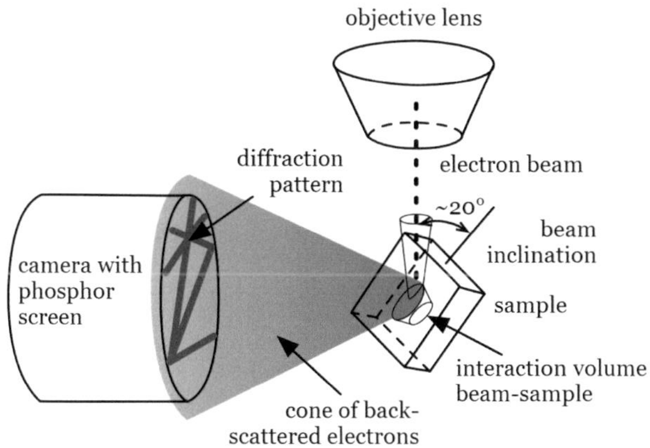

Abbildung 29: Schematischer Aufbau einer EBSD-Messung, welcher zur Abbildung von Pseudo-Kikuchi-Linien auf einem Phosphorschirm im REM durch Diffraktion von Elektronen an der Probenoberfläche eines metallischen Werkstoffes führt [Zae04]

Die EBSD-Untersuchung wird zur Verifikation der Ergebnisse der magnetinduktiven Bestimmung des α'-Phasenanteils sowie zur Bestimmung des ε-Phasenanteils angewendet. Die Proben werden hierzu quer in eine leitfähige Masse eingebettet, sodass die Blechproben in den unterschiedlichen Umformgraden sowie nach erfolgter Oberflächenbearbeitung als Querschliff vorliegen. Im eingebetteten Zustand werden die Proben metallografisch geschliffen, poliert und final mittels Vibrationspoliermaschine für mindestens 4 Stunden bearbeitet. Durch dieses Vorgehen soll verhindert werden, dass das vorliegende Gefüge durch die Probenpräparation beeinflusst wird. Die EBSD-Messung erfolgt mit einem Feldemitter-Elektronenmikroskop des Herstellers ZEISS Typ SIGMA VP in Kombination mit einem EDAX PEGASUS TEAM – DigiView EBSD-System. Die Auswertung der erzeugten Aufnahmen und die Identifikation der Phasen geschieht mit der OIM DC – Software. Die Strahlenergie wird zwischen 15 und 25 keV variiert, um je nach Probenpräparation möglichst deutliche Pseudo-Kikuchi-Linien zu erzeugen. Die Einstellung des Strahlstroms erfolgt durch Variation des Blendendurchmessers zwischen 30 µm und 120 µm.

4.2 Bestimmung der mechanischen Eigenschaften

4.2.1 Härtemessung an unterschiedlichen Umformgraden

Für die Bestimmung der Härte im oberflächennahen Bereich der Proben erfolgt die Messung nach Mikrohärte Vickers (HV) gemäß DIN EN ISO 6507-1 [DIN6507]. Zum Einsatz kommt hierzu ein Kleinlasthärteprüfer Typ Leica VM HTMOT sowie ein Härteprüfgerät vom Typ Leitz Wetzlar 6051 in Kombination mit einem Auflichtmikroskop vom Typ Leica DMRME. Hierbei wird die Prüflast zwischen HV 1, HV 0.1 und HV 0.05 an die unterschiedlichen Umformgrade angepasst.

4.2.2 Zugversuche an unterschiedlichen Umformgraden

Die Ermittlung der mechanischen Eigenschaften auf Zug bei unterschiedlichen Walzgraden erfolgt nach ISO 6892 [ISO6892] auf einer Zugprüfmaschine des Herstellers Zwick, Typ 1484, mit einer maximalen Zuglast von 200 kN. Die Probekörper werden mittels Wasserstrahlschneiden längs zur Walzrichtung des Blechmaterials in Anlehnung an DIN 50125 – Probenform E [DIN 50125] entnommen. Da die Probendicke abhängig von dem Walzgrades zwischen 1,5 mm für Umformgrad $\varphi = 0$ und 0,82 mm für Umformgrad $\varphi = 0,6$ variiert, wird die Probenkörpergeometrie angepasst, um vergleichbare Werte für die Bruchdehnung zu erhalten. Der Proportionalitätsfaktor wird entsprechend angepasst, um die Messwerte untereinander direkt vergleichen zu können.

4.3 Oberflächenpräparation

Die spezifische Erzeugung der technischen Oberflächen erfolgt an den geglühten bzw. kaltgewalzten Blechen durch fünf unterschiedliche Methoden, welche nachfolgend aufgeführt sind:

- metallografischer Schliff im Labormaßstab mit Siliziumkarbid / Körnung 1200
- Polieren im Labormaßstab mit Diamantsuspension / Partikelgröße 3 µm
- Elektropolieren im Labormaßstab
- Plan-Umfangs-Längsschleifen mit Al_2O_3 als Schleifmittel im industriellen Maßstab
- Plan-Umfangs-Längsschleifen mit SiC als Schleifmittel im industriellen Maßstab

Drei der aufgeführten Methoden lassen sich der Herstellung im Labormaßstab zuordnen. Dazu zählt die Bearbeitung der Probenoberfläche nach dem Kaltwalzen durch einen metallografischen Schliff, durch Polieren mit Diamantsuspension und durch Elektropolieren.

Hinzu kommen die zwei weiteren Oberflächenausführungen, welche in Anlehnung an automatisierte industrielle Fertigungsprozesse die Oberflächenbearbeitung mittels Flachschliff abbilden. Die Differenzierung erfolgt hierbei über die Anwendung von unterschiedlichen Schleifmitteln.

4.3.1 Oberflächenbearbeitung im Labor

Die im Labormaßstab erzeugten Oberflächenzustände bzw. die angewendeten Verarbeitungsverfahren orientieren sich an unterschiedlichen Darstellungen in der Literatur [Jan93, Mor94, Hey04, Fal08, BAM10, BAM14, See14], um einen entsprechenden Quervergleich zu ermöglichen. Zum Einsatz kommt mechanisches Schleifen, ähnlich der metallurgischen Probenpräparation mit Siliziumschleifpapier und einer Körnung von 1200, Polieren mit Diamantsuspension und Elektropolieren.

Für das metallografische Polieren werden die Proben über mehrere Zwischenschritte manuell mittels Nassschliff unter Verwendung von SiC-Schleifpapier geschliffen. An einem Teil der Proben erfolgt anschließend das Oberflächenfinish mittels Polieren der Oberfläche durch 9 µm und 3 µm polykristalliner Diamantsuspension [Ber14, GaM15, Gra16].

Für das Elektropolieren im Labormaßstab erfolgt die gleiche Vorbehandlung wie beim metallografischen Polieren. Anstelle des Polierens mittels Diamantsuspension erfolgt die Anwendung eines Elektrolyten, bestehend aus 60 Prozent Phosphorsäure, 20 Prozent Schwefelsäure und 20 Prozent Wasser, bei 60°C und bei konstanter Stromdichte und konstantem Arbeitsabstand der Elektroden für 8 Minuten. Gemäß der Literatur sind die erzielbaren Rauheitswerte abhängig vom Vorzustand, im Speziellen der vorangegangenen Oberflächenbearbeitung des Materials. Einen finale arithmetischen Mittelrauwert $R_a < 0{,}05$ µm ist auch bei vorangegangenem mechanischem Polieren nicht oder nur unter Idealbedingungen realisierbar. Nach Henkel [Hen13] ist dies auch auf die Polygonflächen zurückzuführen, welche im Mikrobereich die Kristallhauptebenen des metallischen Gitters darstellen und somit die Reduktion der Rauheit abhängig von der Korngröße und Deformation des metallischen Gitters physikalisch begrenzen. Einschlägige Literatur empfiehlt hierzu bei Materialabträgen über 100 µm eine Kombination aus mechanischem und elektrochemischem Abtrag, was durch vorangehendes Schleifen bzw. Polieren der Proben berücksichtigt wird [Hen13, Ber14, GaM15, Gra16].

4.3.2 Industrielle Oberflächenbearbeitung

Die Erstellung der maschinell geschliffenen Oberflächen erfolgt in Zusammenarbeit mit der Fa. Tyrolit Schleifmittelwerke Swarovski K.G mittels Plan-Umfangs-Längsschleifen auf einer Flachschleifmaschine Typ Jung JF 520 (Vgl. *Abbildung 30*) unter Einsatz von Kühlmittelemulsion (Rhenus FF GSB2; 2-3 %). Hierbei werden Schleifscheiben aus SiC- oder Al_2O_3-Kornwerkstoff mit jeweils gleicher Körnung in Polymerbindung eingesetzt. Die Probekörper mit einer Grundfläche von jeweils 30 x 30 mm² werden hierzu in Clustern zu je 36 Proben zusammengefasst und auf dem Spanntisch der Flachschleifmaschine befestigt (siehe *Abbildung 30*). Da die Proben ohne Umformgrad nicht magnetisierbar sind, ist die Nutzung eines konventionellen magnetischen Spanntisches der Flachschleifmaschine nicht möglich. Aus diesem Grund wird jede Probe einzeln mit quadratischen Klebepad aus Ethylvinylacetat flächig auf einer Trägerplatte aus ferritischen Stahl 1.4016/AISI 430 befestigt (Vgl. *Abbildung 30*). Diese 0,2 mm starken Klebepads erlauben ein vergleichsweise einfaches Ablösen der Proben von der Trägerplatte nach der Oberflächenbearbeitung, ohne eine weitere plastische Deformation zu erzeugen. Zwar beeinflusst der Klebespalt den Bearbeitungsprozess, da die Bearbeitung allerdings nicht kraft- sondern weggesteuert erfolgt, kann eine weiterführende Beeinflussung des Schliffbildes und der daraus resultierenden Eigenschaften nachdem schleiftechnischen Nivellieren ausgeschlossen werden.

In Anlehnung an die Ergebnisse nach Manning et al. [Man79] werden alle Proben jeweils in Walzrichtung geschliffen. Somit entspricht für die industriell geschliffenen Oberflächen die Walzrichtung der durchgeführten Bearbeitungsrichtung.

Abbildung 30: Industrielle Oberflächenpräparation der Probenkörper mittels Plan-Umfangs-Längsschleifen – Proben sind jeweils als Cluster von 36 Stück mit einer Trägerplatte aus ferritischen Stahl verklebt

Die eingesetzten Schleifscheiben werden im Rahmen dieser Arbeit für die Versuche hergestellt, wobei der Fokus auf vergleichbare Parameter der jeweiligen Schleifscheiben liegt.

Die Kennung gemäß DIN ISO 525:2015-02 [DIN 525] der beiden verwendeten Scheiben-Typen mit den Kornwerkstoffen SiC und Al_2O_3 ist nachfolgend aufgelistet. Die verwendeten Schleifscheiben weisen mit Ausnahme des gewählten Kornwerkstoffes keine Unterscheidung auf, wie *Tabelle 3* und *Tabelle 4* zu entnehmen ist.

Spezifikation der Schleifscheibe mit Al2O3	**89A 541 E5 B22**
Schleifmittel:	89A (Korund - gemischte Zusammensetzung)
Korngröße des Hauptschleifmittels:	54 (Makrokörnung nach ISO 8486-1)
Korngrößenmischung:	1 (geringste Mischung / Herstellerspezifisch)
Härtegrad der Scheibe:	E (sehr weich)
Porosität:	5 (sehr geringe Porosität / Herstellerspezifisch)
Bindungsart:	B (Kunstharzbindung)
Herstellerspezifische Kennung:	22 (Durchtränkung / Herstellerspezifisch)

Tabelle 3: Kennung gemäß DIN ISO 525:2015-02 Scheiben-Typ mit Kornwerkstoff Al_2O_3

Spezifikation der Schleifscheibe mit SiC	**C541 E5 B22**
Schleifmittel:	C (Siliziumkarbid)
Korngröße des Hauptschleifmittels:	54 (Makrokörnung nach ISO 8486-1)
Korngrößenmischung:	1 (geringste Mischung / Herstellerspezifisch)
Härtegrad der Scheibe:	E (sehr weich)
Porosität:	5 (sehr geringe Porosität / Herstellerspezifisch)
Bindungsart:	B (Kunstharzbindung)
Herstellerspezifische Kennung:	22 (Durchtränkung / Herstellerspezifisch)

Tabelle 4: Kennung gemäß DIN ISO 525:2015-02 Scheiben-Typ mit Kornwerkstoff SiC

Bei der Spezifikation wird der Fokus nicht auf eine hohe Standzeit bzw. einen möglichst hohen Spanabtrag der Scheiben gelegt, sondern auf möglichst vergleichbare Bedingungen bei der Bearbeitung der Oberflächen. Um eine möglichst wirtschaftliche Fertigung zu realisieren, wird üblicherweise in Abhängigkeit vom Kornwerkstoff und der gewünschten Oberflächenqualität eine andere Abstimmung der Spezifikationen, insbesondere bei Härte, Porosität und Bindungsart getroffen. In diesem Zusammenhang besteht allerdings

keine Kenntnis hinsichtlich dessen Einflusses auf die erzielte Korrosionsbeständigkeit bei der Bearbeitung von nichtrostenden Stählen [Koe89, Klo05].
Die gewählten Maschinenparameter orientieren sich an der Zielsetzung, keine Veränderung des metallischen Gefüges durch zu hohen Temperatureintrag zu erzeugen. Als weitere Begrenzung sind die realisierbaren Schnittkräfte und die maximale Umfangsgeschwindigkeit der gewählten Schleifscheiben anzusehen. Der Schleifprozess für die Herstellung der definierten Oberflächen wird hierzu in drei einzelne Operationsschritte unterteilt. Im ersten Schritt erfolgt ein flächiger Abtrag der Bauteiloberfläche, um sicherzustellen, dass die Werkstückoberflächen plan zur Bearbeitungsebene sind. Die ist insbesondere von Bedeutung, da die vorliegenden Proben auf einer Trägerplatte aufgeklebt sind und somit geringfügige Abweichungen der Oberflächenausrichtung zueinander möglich sind. Anschließend wird die Schleifscheibe abgerichtet, um diese für jeden Schliff in einen reproduzierbaren Ausgangszustand zu bringen. Die finale Oberflächenbearbeitung erfolgt anschließend mit den unten aufgeführten Schleifparametern, wobei die Schnittgeschwindigkeit der Schleifscheibe v_s mit jeweils 25 m/s für alle Einzelschritte konstant bleibt.

Zur Vorbereitung erfolgt das schleiftechnische Nivellieren der einzelnen Cluster zu jeweils 30 Probekörpern. Da diese jeweils denselben Umformgrad aufweisen, liegt zwischen den Probekörpern kein Dickenunterschied vor. Die Zustellung a_e für diesen Arbeitsschritt beträgt für alle gefertigten Probekörper 5 µm.

Vor jedem Schliff zur Erzeugung der finalen Oberfläche, wird die Schleifscheibe mittels Abricht-Diamanten Typ MKD-Platte 853687 abgerichtet. Als Zustellung a_e werden für diesen Schritt ebenfalls 5 µm gewählt. Die Vorschubgeschwindigkeit v_{ft} kann i abhängig von dem gewünschten Überdeckungsgrads U_d der Schleifscheibe variieren. Auf Grundlage von Vorversuchen, bei welchen unterschiedliche Überdeckungsgrade zwischen $U_d = 2{,}0$ bis $U_d = 8{,}0$ erprobt werden, erfolgt die finale Probenherstellung mit einem Überdeckungsgrad $U_d = 5{,}1$. Hierzu erfolgt das Abrichten mit einer Vorschubgeschwindigkeit $v_{ft} = 0{,}261$ m/min. Um eventuelle metallische Späne oder ausgebrochene Körner aus den Zwischenräumen zu entfernen, erfolgt bei jedem Abrichtvorgang eine Gesamtzustellung von 20 µm.

Für die Vorschubgeschwindigkeit v_{ft} kommen 0,2 m/min bei einer Zustellung a_e von 2 µm pro Hub zur Anwendung. Die Gesamtzustellung a_g beträgt hier 50 µm. Unter Berücksichtigung der Vorschubgeschwindigkeit ergibt sich hierbei ein relatives Zeitspanvolumen Q'_w von 0,67 $mm^3/(mm*s)$, welches als vergleichsweise niedrig für Pendelhubschleifen anzusehen ist [Koe89].

Ziel der hier gewählten Parameter ist es, eine mögliche Beeinflussung des Eigenspannungszustandes der bearbeiteten Proben infolge der Schleifparameter auszuschließen. Auf Grundlage der Arbeit von Duscha [Dus14] wird hierbei eine gezielt niedrige Zustellung a_e gewählt, um die Auswirkung des thermomechanischen Belastungskollektivs im Schleifprozess auf das metallische Gefüge möglichst gering zu halten.

4.3.3 Nachbehandlung der Oberfläche

Zum Aufbau einer vergleichbaren Passivschicht zwischen den einzelnen Proben und um den damit verbundenen Zeiteinfluss für alle Proben gleich zu halten, werden die Probekörper nach der Oberflächenbearbeitung mit entmineralisiertem Wasser gespült. Anschließend erfolgt die Reinigung mittels Ultraschallbad in einem Gemisch aus 50 Vol.-% Aceton und 50 Vol.-% Ethanol für jeweils 5 Minuten bei 30°C. Nach dem Trocknen an der Luft in Laboratmosphäre erfolgt das Auslagern der Proben in einem für die Bildung der Passivschicht günstigen Klima. Hierzu werden die Proben in einem Klimaschrank Typ VC3-7034 des Herstellers Vötsch für 3 Tage bei 40°C und einer relativen Luftfeuchtigkeit von 80 Prozent ausgelagert [Ols03, Ols04, Met14].

4.4 Elektrochemische Untersuchungsmethoden

Zur Charakterisierung des Korrosionsverhaltens der unterschiedlichen Oberflächen wird ausschließlich auf elektrochemische Messmethoden zurückgegriffen, da eine feingliedrige Unterteilung für nichtrostende Stähle mit anderen Messmethoden als unwahrscheinlich erachtet wird [Oka73, Oka75, Mor94, Gue07].

Basierend auf der Grundlage von Vorversuche, sowie auf Basis verschiedener Literaturquellen erfolgt die Auswahl der nachfolgend aufgelisteten elektrochemischen Untersuchungsmethoden [Mor94, See14, Ber14, Met14, GaM15, Baj16, Wer16, ASTMG150, ASTMG199]:

- Potentiodynamische Stromdichte-Potential-Messung mit festgelegter Polarisationsrate bis zum vorgegebenen Grenzwert von 1 mA/cm^2
- Potentiodynamische Stromdichte-Potential-Messung mit Polarisationsumkehr bei Erreichen einer Stromdichte von 0,1 mA/cm^2
- Messung des Stromrauschens unter potentiostatischer Kontrolle

4.4.1 Potentiodynamische Messungen

Zur Eingrenzung der Versuchsparameter für die einzelnen Messmethoden wird im Vorfeld eine Messreihe mit verschiedenen Parametern durchgeführt. Hierbei erfolgt eine direkte Gegenüberstellung unterschiedlicher Elektrolyte, Versuchstemperaturen, Polarisationsraten und Messzellen. Anhand dieser Referenzversuche erfolgt die Auswahl der Parameter für die Messreihe, welche für alle vorliegenden Oberflächenzustände angewendet wird. Hierzu weisen unterschiedliche Untersuchungen in der Literatur [Heu89, Mor94, Sut97, Hey04, Hof10, Met14, Ber14, See14, Gra16, Qui17] bereits auf mögliche Fenster von anwendbaren Parametern für die potentiostatischen und potentiodynamischen Messungen hin. Das Ziel der durchgeführten Variation der Versuchsparameter (siehe *Tabelle 5*) ist es, eine möglichst feingliedrige Differenzierung zwischen den Oberflächen-zuständen zu erzielen.

Da bei den vier ausgewählten Faktoren (Elektrolytkonzentration, Versuchstemperatur, Polarisationsrate und Messzelle) im Rahmen der ausgewählten Faktorstufen von einem näherungsweise linearen Einfluss auf die elektrochemischen Messwerte ausgegangen werden kann, erfolgt im Rahmen der Vorversuche die Variation innerhalb der jeweiligen Faktorstufe ohne Variation der anderen Faktorstufen. Hieraus resultiert jeweils eine Versuchsreihe zur Bestimmung des Einflusses der Temperatur, der Elektrolytkonzentration, der Polarisationsgeschwindigkeit und der angewendeten Messzelle.

Konzentration und Zusammensetzung der verwendeten Elektrolyten	0,08 mol/l NaCl mit Acetatpuffer, pH-Wert 4,5 0,1 mol/l NaCl 0,5 mol/l NaCl 1,0 mol/l NaCl 1,0 mol/l NaCl mit Acetatpuffer, pH-Wert 4,5
Versuchstemperatur	10 °C 15 °C (nur für elektrochemisches Rauschen) 20 °C 25 °C (nur für elektrochemisches Rauschen) 35 °C
Polarisationsgeschwindigkeit der potentiodynamischen Messung	+ 0,1 mV/s + 0,5 mV/s + 1,0 mV/s + 5,0 mV/s

Tabelle 5: Auflistung der im Rahmen der Vorversuche variierten Versuchsparameter zur potentiodynamischen Bestimmung des kritischen Lochfraßpotentials in einer NaCl-Lösung

Aufgrund des geringen unterschiedlichen PREN der beiden untersuchten Werkstoffe (siehe *Tabelle 2*), werden für diesen Versuch ausschließlich Proben des Werkstoffes 1.4301/AISI 304 im lösungsgeglühten Zustand als Blechmaterial herangezogen. Die Oberflächen der Proben werden mit SiC-Schleifpapier im Nassschliff mit Zwischenstufen bis zu einer Körnung von 1200 geschliffen und anschließend für 3 Tage bei 80 Prozent relativer Luftfeuchte für den Aufbau einer stabilen Passivschicht ausgelagert.

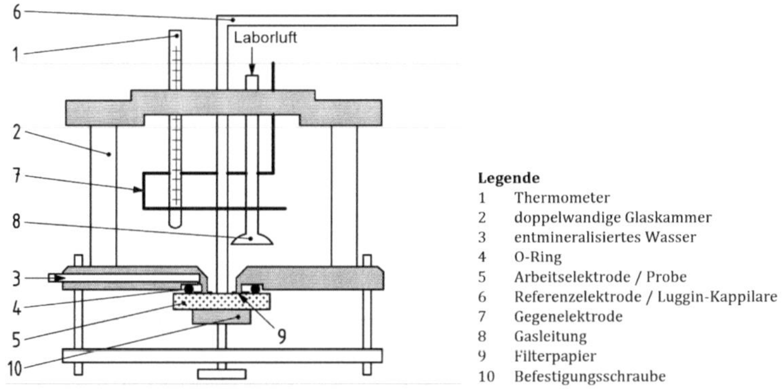

Abbildung 31: Prinzipskizze zum Aufbau der AVESTA-Zelle [DIN17475]

In Anlehnung an die Arbeit von Morach [Mor94] erfolgt die Gegenüberstellung von Messungen mit einer konventionellen Messzelle maskierter und in Elektrolyt eingetauchter Arbeitselektrode (siehe *Abbildung 33*) mit Hilfe einer sogenannten AVESTA-Zelle gemäß DIN 17475 [DIN17475], wie in *Abbildung 31* dargestellt.

Die eingesetzte Messzelle verfügt über eine kreisrunde Messfläche mit einem Durchmesser von 10 mm und somit einer Fläche von 78,5 mm². Abgegrenzt wird diese Messfläche durch das eingesetzte Filterpapier in Form eines Kreisrings, welches zur Sicherstellung der Spülung im Spaltbereich benötigt wird. Die Abdichtung des Systems erfolgt durch einen O-Ring, wodurch sich eine Gesamtfläche von 100 mm² ergibt, welche dem Elektrolyten bzw. dem Spülmedium ausgesetzt ist. Die jeweils untersuchte Probe liegt direkt flächig auf einem jeweils zuvor gereinigten Kupferbalken (Kupfer-Connector), wodurch eine große elektrisch leitende Kontaktfläche zustande kommt (siehe *Abbildung 32*).

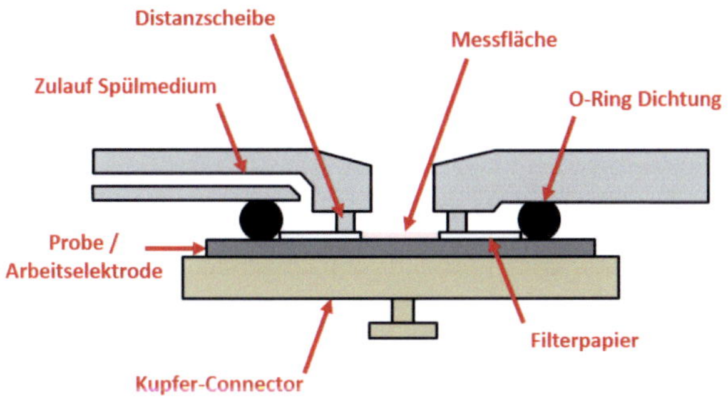

Abbildung 32: Detaildarstellung der AVESTA-Zelle im Bereich der Probe

Zur Aufnahme der Strom-Spannungskurve sowie zur Steuerung des Stroms bzw. der Spannung bei den jeweiligen Messungen werden Potentiostate des Herstellers IPS Elektroniklabor GmbH eingesetzt. Für die Rauschanalysen wird der Typ PGU 10V-1A-IMP-S verwendet. Die Messung des Ruhepotentials sowie des kritischen Lochfraßpotentials wird mit Typ PGU 10V-1A-OEM-MI durchgeführt. Die Gerätesteuerung sowie die Datenaufzeichnung erfolgen mit der eigenen Software des Herstellers. Als Referenzelektrode kommt eine kalibrierte Ag/AgCl-Elektrode in 3M KCl zum Einsatz. Als Gegenelektrode wird eine platinierte Titanelektrode eingesetzt.

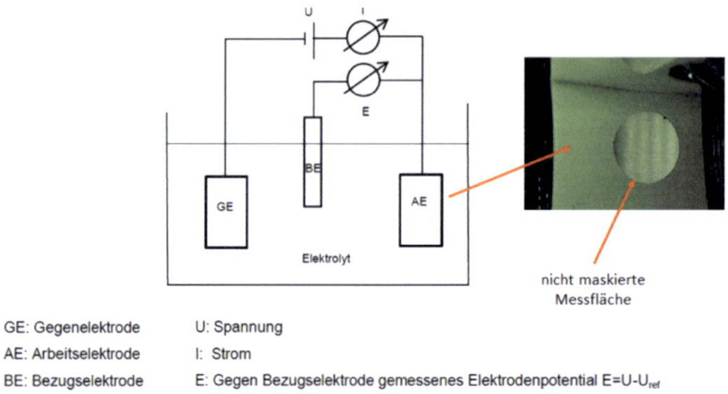

Abbildung 33: Prinzipskizze zum Aufbau der elektrochemischen Standardmesszelle mit maskierter Probe

4.4.1.1 Vorversuche zum Elektrolyten, Polarisationsrate, Einfluss der Messzelle und der Temperatur

Die Gegenüberstellung der unterschiedlichen Elektrolyte erfolgt jeweils durch Anwendung der AVESTA-Zelle bei Raumtemperatur (20 ± 2°C) mit einer Polarisationsrate von 1 mV/s. Der in unterschiedlichen Literaturstellen aufgegriffene und diskutierte Einfluss der Polarisationsrate wird ebenfalls mittels der AVESTA-Zelle bei Raumtemperatur von 20 ± 2°C ermittelt.

Bei den Vorversuchen an industriell geschliffenen Oberflächen mit deutlich höherer Rauheit (R_a > 0,2 µm) zeigen Proben mit Maskierung bei mehr als der Hälfte der Versuche eine sehr deutliche Ausprägung von Spaltkorrosion. Trotz der versuchten Anpassung der Maskierung und der Versuchsbedingungen, kann hier keine deutliche Reduktion der Proben mit Spaltkorrosion erzielt werden. Auch die Anwendung einer Aufsatzmesszelle mit vergleichsweise geringer Messfläche erweist sich für die raueren Oberflächen ebenfalls als ungeeignet und wird daher nicht weiterverfolgt.

4.4.1.2 Potentiodynamische Messung des kritischen Lochfraßpotentials

Aus den Vorversuchen lässt sich der Einfluss der jeweiligen Parameter deutlich erkennen. Um eine möglichst geringe Streuung der Messwerte zu erhalten und den Einfluss von Störgrößen wie beispielsweise schwankende Raumtemperatur im Rahmen der Messungen zu reduzieren, werden die weiterführenden potentiodynamischen Versuche mit einer Polarisationsrate von 0,1 mV/s, bei 20 ± 2°C in der AVESTA-Zelle durchgeführt. In Anlehnung an die Arbeiten von Burkert et al. [BAM10, BAM14] wird anstelle eines Elektrolyten mit 0,1 mol/l

4.4.2 Stromrauschen unter potentiostatischer Kontrolle

Wie Göllner et al. [Goe98, Goe04] aufzeigt, ist die Wahl der Parameter bei der elektrochemischen Rauschmessung von entscheidender Bedeutung und beeinflusst die Ergebnisse erheblich. Der Aufbau und die Konzeption des Messplatzes erfolgt somit in Anlehnung an einschlägige Arbeiten [Ive68, Bur98-1, Bur98-2, Hey04, Bur13, Kla17].

Das Ziel der durchgeführten Messungen ist es, einen möglichen Einfluss der unterschiedlichen Topografie bei den vorliegenden Proben auf das metastabile Lochwachstum aufzuzeigen und anhand dessen die unterschiedlichen Oberflächenzustände zu differenzieren. Die Wahl der Messmethode erfolgt aufgrund der damit verbundenen Möglichkeit, die Rauschinitiierung durch Änderung des Potentials herbeizuführen oder zu stoppen. Dadurch ergeben sich in Verbindung mit der Temperierung der Messzelle zwei Einstellmöglichkeiten, ohne eine Anpassung des Elektrolyten vornehmen zu müssen [Heu89].

Für die Versuche steht das Gerät von Fa. IPS Elektroniklabor GmbH & Co. KG zur Verfügung, welches explizit für die Durchführung von Rauschmessungen konzipiert wird und über eine eigene Verstärker- und Filtereinheit verfügt. Der Versuchsaufbau erfolgt temperiert durch Anwendung einer klassischen Anordnung von drei Elektroden. Die Anordnung unterscheidet sich dabei von der oben genannten konventionellen Anordnung durch Anwendung von jeweils zwei maskierten Arbeitselektroden mit einer Probenfläche von jeweils 314,15 mm². Um die Messzelle im Rahmen der Untersuchung von äußeren Einflüssen, insbesondere im Bereich der Netzfrequenz von 50 Hz abzuschirmen, werden alle Messungen in einem Faraday'schen Käfig durchgeführt. Bei den verwendeten Messleitungen vom Messgerät bis zum Käfig, handelt es sich um geschirmte BNC-Kabel, mit welchen neben den untersuchten Proben auch die verwendete Ag/AgCl-Bezugselektrode verbunden wird. Darüber hinaus verfügt der verwendete Käfig über spezielle metallische Durchführungen, um die Temperierung der Messzelle während des Versuchs zu ermöglichen.

Zur Temperaturüberwachung und zur Regelung der Temperierung kommt ein Pt100-Messfühler zur Anwendung, welcher an der Oberfläche mit einer elastischen Kunststofffolie elektrisch isoliert wird.

Auf der Grundlage von einzelnen Arbeiten wird für die Rauschuntersuchung ein Versuchsaufbau mit temperierter Messzelle unter Anwendung einer 1 mol/l NaCl-Lösung gewählt [Mor94, Con99]. Um die Keimbildung zu erfassen und zu charakterisieren, erfolgt die Versuchsanordnung mit jeweils zwei gleichartigen Proben, wobei das Stromrauschen für jeweils 30 min gemessen wird. Im Rahmen der Messdatenerfassung wird ein Tiefpassfilter mit einer Grenzfrequenz von 5Hz eingesetzt, um den Einfluss von hochfrequenten Störungen zu reduzieren. Die Messung der Proben erfolgt in einem Frequenzbereich von 0,1 – 10 Hz, wobei die Abtastrate bei 200 1/s liegt. Um die Ausbildung von stabilem Lochwachstum im Rahmen der durchgeführten Rauschmessung zu vermeiden, soll diese im unkritischen Temperaturbereich der Werkstoffe unterhalb der erwarteten theoretischen kritischen Lochfraßtemperatur erfolgen. Die berechneten Werte der theoretischen CPT auf Grundlage der chemischen Zusammensetzung der beiden angewendeten Werkstoffe nach *Gleichung (5)* ist in *Tabelle 6* aufgeführt.

Bezeichnung			Theoretische CPT nach Renner et. al
W-Nr.	AISI	DIN	
1.4310	301	X10CrNi18-8	7,90 °C
1.4301	304	X5CrNi18-10	7,19 °C

Tabelle 6: Berechnete CPT-Werte nach Renner et. al [Ren86]

Die nach Renner et al. [Ren86] auf Grundlage von empirischen Versuchen ermittelte Berechnungsgrundlage liefert vergleichbare Werte wie die im Rahmen von Vorversuchen zur Bestimmung der CPT durchgeführten Messungen [GaM15]. Wie bereits dargelegt, ist infolge der Oberflächenbearbeitung mit einer Beeinflussung der erzielten Korrosionsbeständigkeit zu rechnen, sodass Versuchsbedingungen gewählt werden, bei welchen während der Versuchsdurchführung die Bildung eines stabilen Lochwachstums vermieden wird. Die messtechnische Bestimmung der CPT erfolgt nach DIN EN ISO 17864 [DIN17864] bei 1 mol/l NaCl und einem angelegten Potential von + 944 mV vs. SHE. Um die Messungen dennoch im Bereich der Raumtemperatur durchführen zu können, wird die Messung des

Stromrauschens unter potentiostatischer Kontrolle bei einem nach den Vorversuchen festgelegten Potentialwert von 200 mV vs. SHE durchgeführt.

4.5 Oberflächenanalyse

4.5.1 Optische Charakterisierung

Die Charakterisierung der zu untersuchenden Oberflächen im Bereich des optischen Lichts erfolgt durch Anwendung unterschiedlicher Untersuchungsmethoden und Messgeräte. Neben dem Einsatz von Auflichtmikroskopie, welche auch zur Auswertung der metallurgischen Schliffe dient, kommen zudem unterschiedliche Digitalmikroskope zur Anwendung.

Zur Vermessung/Quantifizierung der auftretenden Lochkorrosion bei den elektrochemischen potentiodynamischen Messungen wird ein Digitalmikroskops Keyence vom Typ VHC 600 eingesetzt.

4.5.2 Taktile Rauheitsmessung

Die taktile Rauheitsmessung erfolgt mit einem mobilen Messgerät des Typen Jenoptik Hommel T1000, unter Verwendung eines Tastkopfs des Typen TKX300/17Ü. Als Taststrecke wird dabei 4,8 mm in Anlehnung an DIN EN ISO 16610-21 gewählt. Aus den damit aufgezeichneten Rauheitsprofilen können für die untersuchten Oberflächen dessen Rauheitskenngrößen R_{max}, R_z, R_a, RS_m,.R_k, R_{pk} und R_{vk} berechnet werden [Whi94, Ber14].

Die taktile Messung erfolgt an allen untersuchten Oberflächen. Korrosionstechnisch untersuchte Proben werden vor der elektrochemischen Untersuchung nicht taktil vermessen, um eine eventuelle lokale Beeinträchtigung der Passivschicht bzw. der Oberflächentopografie durch den Tastkopf zu vermeiden.

4.5.3 Optische Rauheitsmessung

Die optische Rauheitsmessung dient insbesondere zur Messung von Rauheitswerten der Fläche nach DIN EN ISO 25178 [DIN 25178]. Diese sind für die maschinell geschliffenen Oberflächen von Bedeutung, um den Einfluss von einzelnen Schleifriefen oder lokalen Effekten auf den Messwert möglichst gering zu halten. Als Messgrößen werden hierbei sowohl die klassischen Amplitudenkenngrößen S_a, S_q und S_z, als auch funktionsorientierte Kenngrößen wie S_k, S_{pk} und S_{vk} ermittelt [Whi94].

Für die optische Auswertung der Rauheit kommt ein Streifenprojektions-Messgerät des Herstellers GFM vom Typ MikroCAD sowie ein Digitalmikroskop mit Fokusvariation des Herstellers Alicona vom Typ EdgeMaster zum Einsatz.

4.5.4 Elektronenmikroskopie

Die detaillierte Auflösung der Oberflächenstrukturen sowie die Identifikation von Rückständen infolge der Fertigungsprozesse an der Oberfläche, erfolgt durch Einsatz eines Feldemitter-Rasterelektronenmikroskops (FE-REM) vom Typ Zeiss Sigma VP in Kombination mit einem EDX-Detektor des Herstellers Ametek EDAX vom Typ PEGASUS. Die Aufnahme der EDX-Spektren wird bei einem Arbeitsabstand zwischen 11 und 15 mm mit einer Beschleunigungsspannung von 20 kV und einem gewählten Blendendurchmesser von 30 µm durchgeführt. Für die Charakterisierung der Probenoberflächen wird ein reduzierter Arbeitsabstand zwischen 5 und 10 mm gewählt. Die Beschleunigungsspannung variiert zwischen 5 und 20 kV. Als Detektoren kommen sowohl ein um den Strahlengang positionierter Mehrquadranten-Rückstreuelektronendetektor als auch ein seitlich zum Elektronenstrahl positionierter Sekundärelektronen-Detektor des Rasterelektronenmikroskops zur Anwendung.

Die mit dem Elektronenmikroskop erzeugten Bilder, von 100-fach bis 5000-facher Vergrößerung, werden anschließend mit Hilfe eines angepassten Logarithmus bearbeitet, um diese direkt miteinander zu vergleichen. Die Anwendung eines zeilenbasierenden Medianfilters mit der anschließenden Anwendung eines Tiefpassfilters bei einer Grenzfrequenz von 0,1 μm^{-1} führt zur Reduktion des Einflusses von schwach ausgeprägten Schleifstrukturen, während insbesondere lokal stark ausgeprägte Strukturen erhalten bleiben.

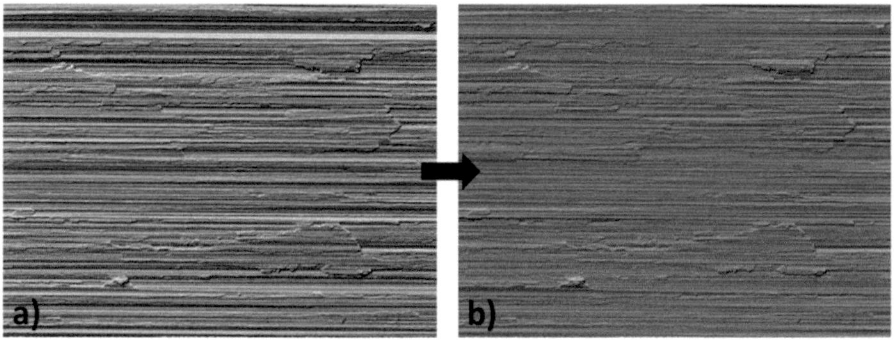

Abbildung 34: Gegenüberstellung: a) unbearbeitete REM-Aufnahme und b) bearbeitete REM-Aufnahme nach Anwendung des Linien-Medians am Beispiel einer mit Korund geschliffenen Oberfläche des Werkstoffes 1.4301/AISI 304 im lösungsgeglühten Zustand – Aufnahmen in 500-facher Vergrößerung mit ausgeblendetem Maßstab für die Bilderverarbeitung

Aus den damit erzeugten Bildern erfolgt die Berechnung des mittleren Grauwertes für jedes einzelne Bild sowie der Standardabweichung der einzelnen Pixel. Dieser so ermittelte Wert, weiterführend als „Surface Imperfection Value", kurz SIV, bezeichnet, ist somit eine dimensionslose Größe, welche zum Vergleich von ähnlich bearbeiteten Oberflächentypen herangezogen werden kann. Diese gibt eine Aussage über die Häufigkeit von einzelnen, nicht gleichmäßig verteilten und unregelmäßig ausgeprägten Oberflächenanomalien.

Eine vergleichsweise homogene Oberflächentopografie führt infolge der angewendeten Filter zu einem dementsprechend geringen SIV, während stark ausgeprägte Effekte an der Oberfläche sich visuell optisch differenzieren lassen und demnach auch zu einem höheren SIV führen. Vergleichsmessungen an polierten oder elektropolierten Oberflächen bestätigen dies.

5 Ergebnisse

Die Beständigkeit gegenüber korrosiven Anwendungsbedingungen wird als Hauptgrund für den Einsatz der untersuchten Legierungen gesehen [DEW14301, DEW14310, Gue07]. Deswegen erfolgt die Betrachtung der Korrosionsbeständigkeit und die Auswirkung der durchgeführten Oberflächenbearbeitung im Rahmen dieser Arbeit bei den nachfolgend aufgeführten Ergebnissen an erster Stelle. Die weiteren Untersuchungen, welche in erster Linie dem Ziel der werkstofftechnischen Charakterisierung, sowie der Beschreibung der erzeugten Oberflächen dienen, sind nachfolgend aufgeführt. Grundlage für die angewendeten Untersuchungsmethoden und die jeweiligen Parameter, insbesondere für die elektrochemischen Verfahren, bilden neben einschlägiger Literatur auch die aufgeführten Vorversuche. Nicht zuletzt dienen allerdings alle eingesetzten Methoden zum besseren Verständnis des Zusammenwirkens der gezielt variierten Einflussfaktoren.

5.1 Oberflächenpräparation

Während die manuell durchgeführte Bearbeitung infolge der händische Anpresskraft im Labormaßstab als kraftgesteuert angesehen werden kann, erfolgt die Bearbeitung durch das Plan-Umfangs-Längsschleifen als weggesteuertes Fertigungsverfahren. Als direkten Messwert für dieses Verfahren lässt sich die aufgenommene elektrische Leistung des Antriebsmotors der Schleifscheibe erfassen. Für die vorliegende Arbeit werden ausschließlich die Messwerte der finalen Bearbeitung der jeweiligen Oberfläche herangezogen, da die aufgenommene Antriebsleistung beim Nivellieren der Probekörper je nach Einbaulage entsprechende Schwankungen während der ersten Überschleifungen aufweist. Am Beispiel von *Abbildung 35* sind die einzelnen Wendepunkte beim Überschleifen der Oberfläche eindeutig zu erkennen. Beim Erreichen eines Wendepunktes erfolgt jeweils die Zustellung a_e. Vorversuche zeigen, dass durch die begrenzte Abtastrate der verwendeten Maschine von 1 Hz das Risiko besteht, dass einzelne Ausschläge nicht erfasst werden. Dennoch zeigt die Messkurve einen gleichmäßigen Verlauf mit einem Maximalwert von 0,48 kW und einer durchschnittlichen Leistungsaufnahme von 0,33 kW während des Schleifvorgangs. Ein systematischer Anstieg oder Abfall der gemittelten Antriebsleistung über die 25 einzelnen Zyklen ist nicht zu erkennen. Die Schwankungsbreite der aufgezeichneten

Werte nimmt gegen Ende der Oberflächenbearbeitung geringfügig ab. Dies lässt den Schluss zu, dass einzelne Effekte, wie beispielsweise die Position der einzelnen Kanten von Proben zueinander, für eine erhöhte Leistungsaufnahme insbesondere am Anfang verantwortlich sind und im Laufe des Schleifprozesses entsprechend reduziert werden.

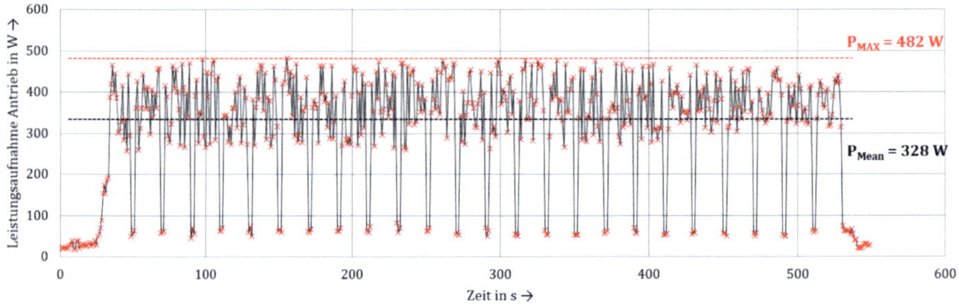

Abbildung 35: Exemplarische Darstellung der aufgezeichneten Antriebsleistung während der Oberflächenbearbeitung am Beispiel des Werkstoffes 1.4301/AISI 304, geschliffen mit einer Schleifscheibe vom Typ C541 E5 B22 mit Siliziumkarbid

Die im Rahmen der Bearbeitung der Proben erfasste Leistungsaufnahme ist in nachfolgenden Abbildungen dargestellt (siehe *Abbildung 36* und *Abbildung 37*). Es handelt sich jeweils um den erfassten Mittelwert während des Eingriffs der Schleifscheibe abzüglich der erforderlichen Leistung im Leerlauf der Maschine. Die dargestellten Fehlerbalken repräsentieren die berechnete Standardabweichung über die gesamte Messdauer von 25 Zyklen mit jeweils gleicher Zustellung.

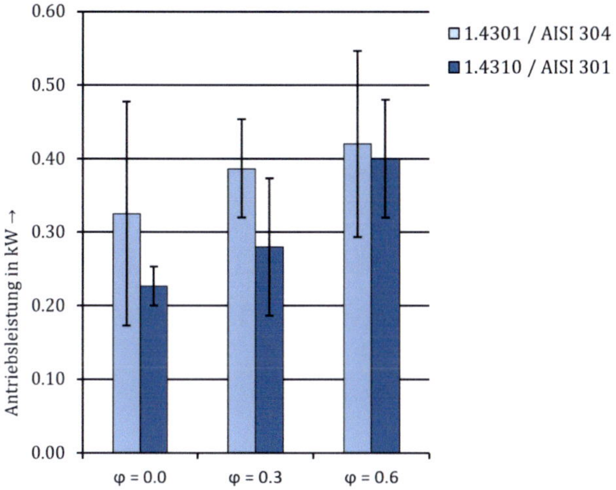

Abbildung 36: Gemittelte Leistungsaufnahme beim Plan-Umfangs-Längsschleifen für die Bearbeitung der Proben mit unterschiedlichen Umformgraden für den Kornwerkstoff Siliziumkarbid

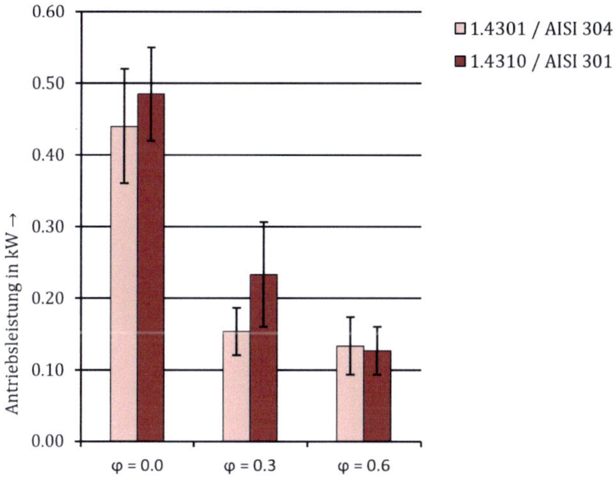

Abbildung 37: Gemittelte Leistungsaufnahme beim Plan-Umfangs-Längsschleifen für die Bearbeitung der Proben mit unterschiedlichen Umformgraden für den Kornwerkstoff Korund

5.2 Elektrochemische Bestimmung der Korrosionsbeständigkeit

5.2.1 Ergebnisse zu den potentiodynamischen Messungen

Anhand der nachfolgend exemplarisch aufgelisteten Ergebnisse werden die für die weiteren Versuche angewendeten Messparameter ermittelt und festgelegt. Aufgrund des vergleichbaren PREN (siehe *Tabelle 2*) der beiden untersuchten Legierungslagen werden diese Versuche ausschließlich an dem Werkstoff 1.4301/AISI 304 durchgeführt.

5.2.1.1 Vorversuche zur Elektrolytkonzentration

Die in *Abbildung 38* dargestellten Messwerte zeigen deutlich die erwartete Reduktion der Korrosionsbeständigkeit bei steigendem Gehalt an Chlorid-Ionen. Das Absenken des pH-Wertes durch Anwendung eines Acetatpuffers führt ebenfalls zu einer Reduktion des erzielten kritischen Lochfraßpotentials. Diese Reduktion fällt aber angesichts der vorliegenden Streuung der einzelnen Messwerte im direkten Vergleich zwischen der 1 mol/l NaCl-Lösung ohne und mit Acetatpuffer gering aus und ist aufgrund der Anzahl der durchgeführten Einzelmessungen nicht signifikant.

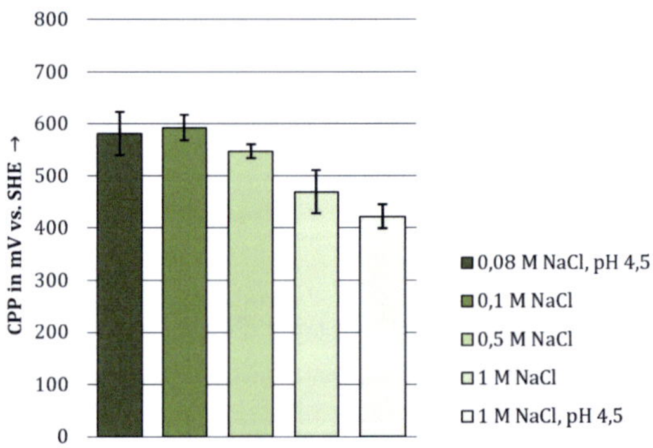

Abbildung 38: Referenzversuche mit ausgewählten Elektrolyten an Proben des Werkstoffes 1.4301/AISI 304 bei 20±2°C und einer Polarisationsgeschwindigkeit von 1 mV/s

5.2.1.2 Vorversuche zum Einfluss der Temperatur

Der Einfluss der Temperatur auf das kritische Lochfraßpotential ist *in Abbildung 39* dargestellt. Neben einem deutlichen Abfall des Lochfraßpotentials ist dabei auch eine Verringerung der Streuung mit steigender Temperatur erkennbar. Die Messung erfolgt mittels der oben beschriebenen AVESTA-Zelle mit temperiertem und entmineralisiertem Wasser als Spülmedium und einer Polarisationsrate von 0,1 mV/s in 0,1 mol/l NaCl-Lösung. Die Temperierung des Spülmediums erfolgt jeweils über einen Bypass des primären Temperierkreislaufes der Messzelle, sodass die Temperatur des Mediums jeweils auf ± 1 K erreicht und messtechnisch mittels Thermoelement überwacht werden kann.

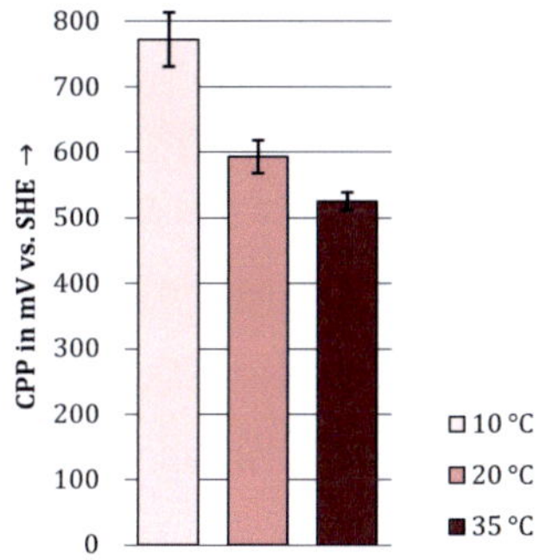

Abbildung 39: Referenzversuche mit unterschiedlicher Elektrolyttemperatur an Proben des Werkstoffes 1.4301/AISI 304 in einer 0,1 mol/l NaCl-Lösung und einer Polarisationsrate von 0,1 mV/s

5.2.1.3 Vorversuche zur Polarisationsrate

Bei den durchgeführten Vorversuchen zur Ermittlung der Polarisationsrate zeigt sich deutlich, dass bei einer vergleichsweise langsamen Polarisationsrate, ausgehend vom Ruhepotential bis zum Erreichen der gewählten Stromdichtegrenze von 0,1 mA/cm², eine deutliche Erhöhung des kritischen Lochfraßpotentials zu erkennen ist (siehe *Abbildung 40*). Auffällig ist die signifikante Zunahme der Streuung bei einer Polarisationsrate von 5 mV/s, was darauf zurückzuführen ist, dass sich bildende metastabile Löcher aufgrund der hohen Polarisationsrate nicht mehr ausreichend passivieren können [Hey04].

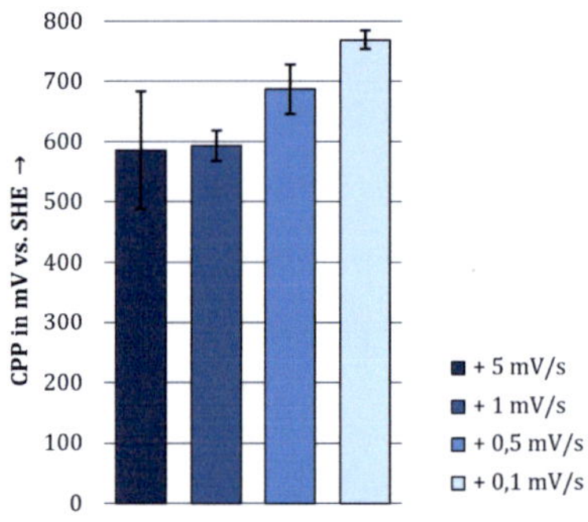

Abbildung 40: Referenzversuche mit unterschiedlichen Polarisationsgeschwindigkeiten in Acetatpuffer mit pH 4,5 und 0,08 mol/l NaCl an Proben des Werkstoffes 1.4301/AISI 304 bei 20±2°C

5.2.1.4 *Vorversuche zum Einfluss der Messzelle*

Der direkte Vergleich der Messzellen zeigt einen geringen Anstieg des gemessenen Lochfraßpotentials in Abhängigkeit von der kritischen Stromdichte bei der Anwendung der AVESTA-Zelle (siehe *Abbildung 41*), was vorwiegend auf das Spülen des Spaltbereiches mit entmineralisiertem Wasser zurückzuführen ist. Die Versuche werden jeweils bei einer Raumtemperatur von 20 ± 2 °C, und einer Polarisationsrate von 1 mV/s durchgeführt. Angesichts der in der Literatur geführten Diskussion zum Einfluss der Messzelle auf die erzielten Messwerte kann angenommen werden, dass die kontinuierliche Verdünnung des Elektrolyten bei einer langsameren Polarisationsrate zu einem signifikanten Anstieg des kritischen Lochfraßpotentials führen kann [Mor94, Sut97] und damit einen für die jeweilige Oberflächenqualität realistischeren Messwert liefert.

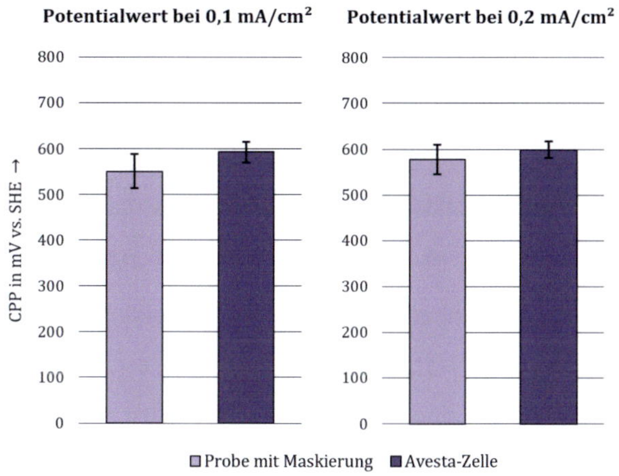

Abbildung 41: Referenzversuche mit unterschiedlichen Messzellen in Acetatpuffer mit pH 4,5 und 0,08 mol/l NaCl, für das Erreichen einer Stromdichte von 0,1 mA/cm² (Links) und einer Stromdichte von 0,2 mA/cm² (Rechts) mit einer Polarisationsrate von 1 mV/s an Proben des Werkstoffes 1.4301/AISI 304 bei 20±2°C

Der Vergleich zwischen den Potentialwerten beim Erreichen einer Stromdichte von 0,1 mA/cm² und 0,2 mA/cm² weist darauf hin, dass der Stromanstieg pro Zeit bei den gewählten Parametern der maskierten Proben flacher erfolgt. Ein direkter Bezug auf Spalteffekte bei der Standardmesszelle wird als möglich erachtet.

5.2.1.5 Festgelegte Versuchsparameter

Auf der Grundlage der Ergebnisse der Vorversuche wird für die weiteren potentiodynamischen Untersuchungen ein gepufferter Elektrolyt mit 0,08 mol/l NaCl und einem pH-Wert von 4,5 gewählt. Als Temperatur erweisen sich 20°C als geeignet. Eine Polarisationsgeschwindigkeit von 1 mV/s erweist sich als geeigneter Kompromiss, um bei vergleichsweise kurzer Versuchsdauer eine deutliche Reduktion der vorliegenden Streuung der Messwerte zu erreichen. Die Anwendung der AVESTA-Zelle erweist sich für die Versuche als geeignet, da die vorliegenden Messwerte auf eine geringere Streuung bei allgemein vergleichbarem Verhalten gegenüber der konventionellen Maskierung von Proben schließen lassen. Gleichzeitig ist bei maskierten Proben mit höherer Oberflächenrauheit infolge der Topografie mit einer höheren Quote von Fehlmessungen durch ungewünschtes Auftreten von Spaltkorrosion zu rechnen.

5.2.2 Einfluss der Oberfläche auf das kritische Lochfraßpotential

5.2.2.1 Oberflächen erzeugt im Labormaßstab

Die im Labormaßstab präparierten Oberflächen weisen auf deutliche Unterschiede zwischen den jeweiligen Oberflächenzuständen, insbesondere bei dem zuvor nicht umgeformten Material (φ = 0) hin. Die in *Abbildung 42* und *Abbildung 43* dargestellten Messwerte für das kritische Lochfraßpotential zeigen für beide Werkstoffe im nicht kaltverformten Zustand die schlechtesten Ergebnisse bei der geschliffenen Oberfläche. Bei dem Werkstoff 1.4301/AISI 304 sind im lösungsgeglühten Zustand die Unterschiede zwischen den geschliffenen und den polierten bzw. elektropolierten Oberflächen am deutlichsten ausgeprägt. Mit zunehmender Kaltverformung verändert sich der Einfluss der Oberflächenausführung auf das gemessene kritische Lochfraßpotential. Bei dem Werkstoff 1.4301/AISI 304 ist festzustellen, dass eine vorangegangene Kaltverformung bei einer polierten Oberfläche im Mittel einen negativen Einfluss hat. Dies gilt sowohl für das mechanische als auch das elektrolytische Polieren. Bei den geschliffenen Oberflächen lässt sich eine geringe Verbesserung der Korrosionsbeständigkeit in Form einer Erhöhung des kritischen Lochfraßpotentials mit zunehmender Kaltverformung feststellen. Diese ist bei dem Werkstoff 1.4301/AISI 304 über die gesamte Umformung erkennbar.

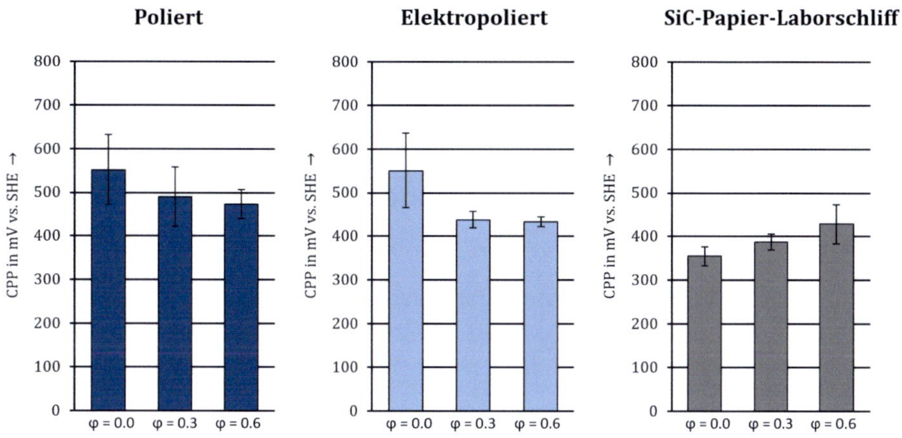

a) b) c)

Abbildung 42: Bestimmte Korrosionsbeständigkeit der labortechnisch präparierten Oberflächen des Werkstoffes 1.4301/AISI 304 in Acetatpuffer mit pH 4,5 und 0,08 mol/l NaCl mit Variation des Umformgrades und unterschiedlichen Oberflächenausführungen: a) Poliert, b) Elektropoliert und c) Laborschliff mit SiC-Papier

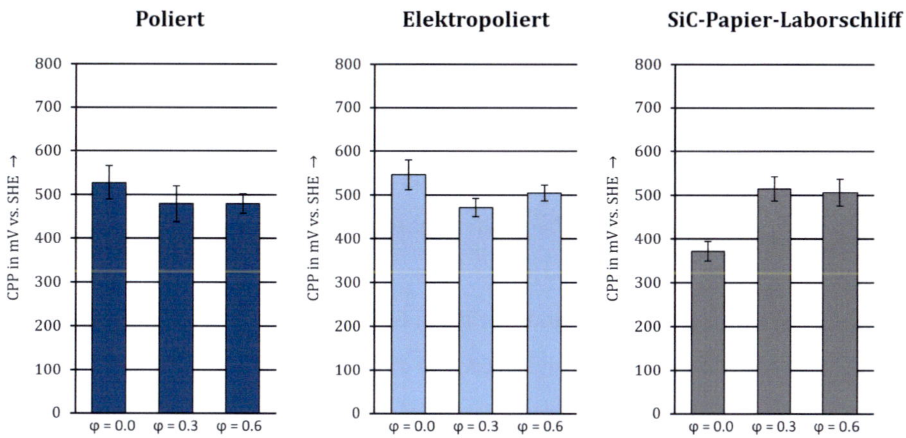

a) b) c)

Abbildung 43: Bestimmte Korrosionsbeständigkeit der labortechnisch präparierten Oberflächen des Werkstoffes 1.4310/AISI 301 in Acetatpuffer mit pH 4,5 und 0,08 mol/l NaCl mit Variation des Umformgrades und unterschiedlichen Oberflächenausführungen: a) Poliert, b) Elektropoliert und c) Laborschliff mit SiC-Papier

Beim Werkstoff 1.4310/AISI 301 ist der Anstieg der Korrosionsbeständigkeit mit zunehmendem Umformgrad bei geschliffener Oberfläche nur bis zu einem Umformgrad von

$\varphi = 0{,}3$ festzustellen. Bei höherem Umformgrad bleibt das gemessene kritische Lochfraßpotential auf vergleichbarem Niveau. Bei den polierten Oberflächen zeigt sich auch bei diesem Werkstoff ein negativer Trend auf die Korrosionsbeständigkeit. Allerdings ist dieser geringer und auch nur bis zu einem Verformungsgrad von $\varphi = 0{,}3$ erkennbar. Anhand des gemessenen kritischen Lochfraßpotentials für die im Labor präparierten Proben ist die Ausprägung des Einflusses der Oberflächenausführung bei dem Werkstoff 1.4310/AISI 301 mit niedrigerer Austenitstabilität nach Nohara [Noh77] etwas geringer als bei dem Werkstoff 1.4301/AISI 304.

5.2.2.2 Industriell erzeugte Oberflächen

Bei den industriell geschliffenen Oberflächen zeigt sich bei den SiC-Schliffen der gleiche Einfluss einer vorangegangenen Kaltverformung wie beim Laborschliff, bei dem auch SiC-Schleifpapier verwendet wird. Hier ist der Trend beim Werkstoff 1.4310/AISI 301 noch deutlicher erkennbar als bei den im Labormaßstab geschliffenen Proben. Darüber hinaus ist der Einfluss des eingesetzten Abrasivstoffes auf die Korrosionsbeständigkeit der geschliffenen Oberflächen zu erkennen.

Für die maschinell geschliffenen Proben weist das gemessene kritische Lochfraßpotential einen deutlichen Einfluss des im Schleifwerkzeug verwendeten Kornwerkstoffes auf. Die mit Siliziumkarbid geschliffenen Oberflächen haben in der Regel eine höhere Lochfraßbeständigkeit (CPP) als die mit Korund geschliffenen Oberflächen. Dieser Effekt wird mit zunehmender Kaltverformung verstärkt. Für die in Blau dargestellten, mit SiC geschliffenen Oberflächen zeigen *Abbildung 44* und *Abbildung 45* einen deutlichen Anstieg der erzielten Korrosionsbeständigkeit mit zunehmendem Umformgrad. Die in Rot dargestellten, mit Al_2O_3 geschliffenen Oberflächen zeigen hingegen keine signifikante Veränderung des erzielten Lochfraßpotentials in Abhängigkeit vom Umformgrad des Vormaterials. Für beide geschliffenen Werkstoffe, 1.4301/AISI 304 und 1.4310/AISI 301 gilt, dass im umgeformten Zustand für beide Zustände $\varphi = 0{,}3$ und $\varphi = 0{,}6$ das gemessene Lochfraßpotential für SiC-geschliffene Oberflächen signifikant ansteigt und somit über den Werten der mit Al_2O_3 geschliffenen Oberflächen liegt.

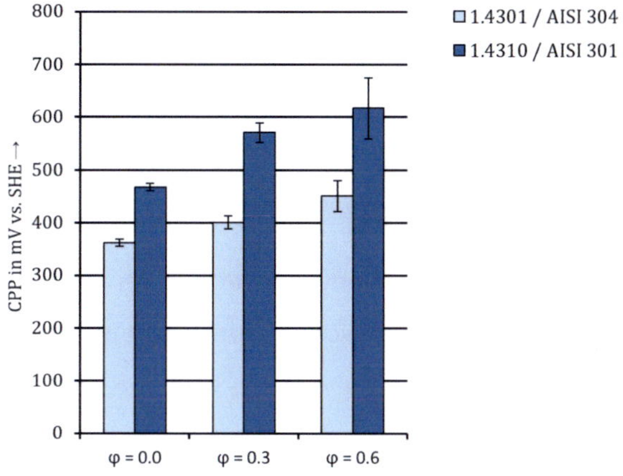

Abbildung 44: Gegenüberstellung der Messwerte des kritischen Lochfraßpotentials CPP beider untersuchter Werkstoffe für die industriell mit SiC geschliffenen Proben für die unterschiedlichen Umformgrade, gemessen in Acetatpuffer mit pH 4,5 und 0,08 mol/l NaCl

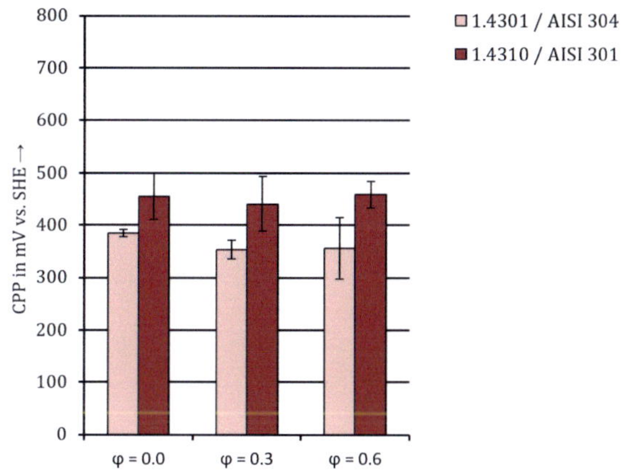

Abbildung 45: Gegenüberstellung der Messwerte des kritischen Lochfraßpotentials CPP beider untersuchter Werkstoffe für die industriell mit Al_2O_3 geschliffenen Proben für die unterschiedlichen Umformgrade, gemessen in Acetatpuffer mit pH 4,5 und 0,08 mol/l NaCl

Die Gegenüberstellung der erzielten Korrosionsbeständigkeit für die industriell geschliffenen Oberflächen weist zudem auf einen Unterschied zwischen den beiden Grundwerkstoffen 1.4301/AISI 304 und 1.4310/AISI 301 hin. Das kritische Lochfraßpotential bei dem Werkstoff 1.4310/AISI 301 ist deutlich über dem des 1.4301/AISI 304, wobei die Differenz mit zunehmendem Kaltverformungsgrad ansteigt. Dieser Effekt, welcher sowohl für SiC als auch für Al_2O_3 als Abrasivstoff für die industriell geschliffenen Oberflächen gilt, ist auch bei dem im Labor mit SiC-Schleifpapier geschliffenen Oberflächen zu erkennen. Im Vergleich dazu lassen sich an der polierten Oberflächenausführung keine systematischen Unterschiede im kritischen Lochfraßpotential zwischen den beiden Werkstoffen erkennen.

5.2.3 Ergebnisse zum Repassivierungspotentials

Die Bestimmung des Repassivierungsverhaltens erfolgt bei der potentiodynamischen Messung nach dem Erreichen der Stromdichtegrenze von 0,1 mA/cm² durch Polarisationsumkehr (siehe *Abbildung 46*). Für diese Versuche wird, wie schon bei den klassischen potentiodynamischen Messungen, eine AVESTA-Zelle bei einer Versuchstemperatur von 20°C und einer Polarisationsrate von 0,1 mV/s eingesetzt. Als Elektrolyt kommt ebenfalls die bereits für die Bestimmung des kritischen Lochfraßpotentials eingesetzte gepufferte 0,08 mol/l NaCl-Lösung zur Anwendung.

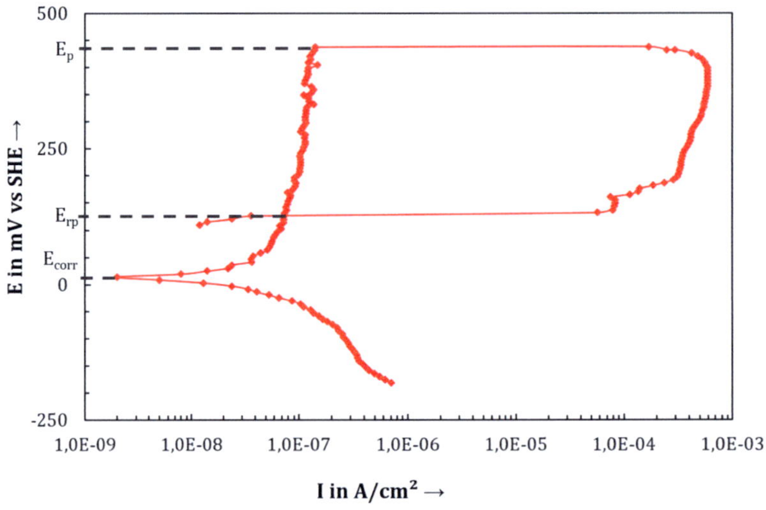

Abbildung 46: Exemplarische Darstellung einer Stromdichte-Potential-Messung mit Polarisationsumkehr einer Probe des Werkstoffes 1.4301/AISI 304 – mechanisch poliert mit Umformgrad φ = 0,3

5.2.3.1 Oberflächen erzeugt im Labormaßstab

Die Gegenüberstellung der gemessenen Repassivierungspotentiale für die labortechnisch erzeugten Oberflächen lässt für die elektropolierten und die geschliffenen Oberflächen einen Einfluss des Umformgrades erkennen. Wie in Abbildung 47 für den Werkstoff

1.4301/AISI 304 zu erkennen, zeigen die elektropolierten Oberflächen mit Zunahme des Umformgrades einen leichten Abfall des Repassivierungspotentials. Für die geschliffenen Oberflächen ist tendenziell eine Zunahme anhand des Mittelwertes zu erkennen. Es ist dabei zu beachten, dass mit Zunahme des Umformgrades auch eine Zunahme der Streuung der Messwerte festzustellen ist.

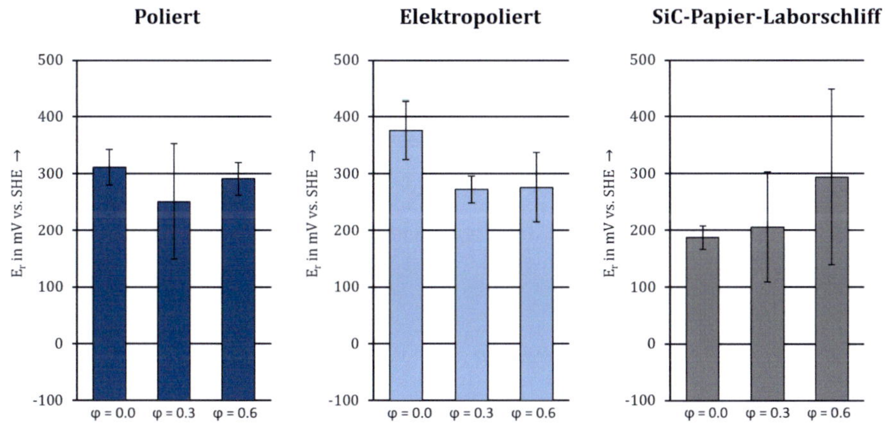

a) b) c)

Abbildung 47: Repassivierungspotential E_{rp} für den Werkstoff 1.4301/AISI 304 in Acetatpuffer mit pH 4,5 und 0,08 mol/l NaCl an Variation des Umformgrades und unterschiedlichen Oberflächenausführungen: a) Poliert, b) Elektropoliert und c) Laborschliff mit SiC-Papier

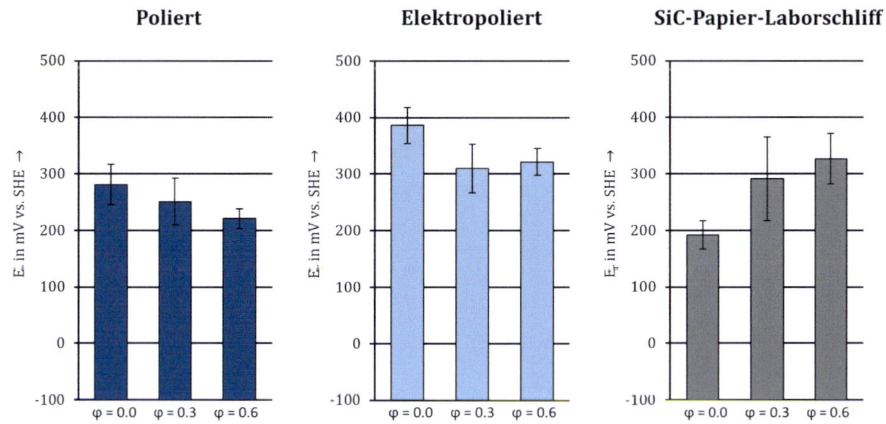

a) b) c)

Abbildung 48: Repassivierungspotential E_{rp} für den Werkstoff 1.4310/AISI 301 in Acetatpuffer mit pH 4,5 und 0,08 mol/l NaCl mit Variation des Umformgrades und unterschiedlichen Oberflächenausführungen: a) Poliert, b) Elektropoliert und c) Laborschliff mit SiC-Papier

Die in Abbildung 47 und *Abbildung 48* dargestellten Messwerte für die labortechnisch präparierten Oberflächen beider untersuchter Werkstoffe weisen in Bezug auf den Einfluss des Umformgrades vergleichbare Tendenzen auf. Die mit der Zunahme des Umformgrades des Grundmaterials verbundene Abnahme des Repassivierungspotentials für polierte und elektropolierte Oberflächen tritt dabei vorwiegend zwischen $\varphi = 0$ und $\varphi = 0{,}3$ auf. Bei einem höherem Umformgrad hingegen ist keine signifikante Veränderung mehr festzustellen. Der Messwert der polierten Oberflächenausführung mit $\varphi = 0{,}3$ für den Werkstoff 1.4301/AIS 304 in *Abbildung 47* stellt eine Ausnahme dar, welche angesichts der deutlich höheren Streuung der vorliegenden Messwerte zu relativieren ist. Die geschliffenen Oberflächen verhalten sich dem entgegengesetzt und zeigen, ebenso wie schon beim Lochfraß-potential, eine Zunahme des Repassivierungspotentials mit Zunahme des Umformgrades.

5.2.3.2 Industriell erzeugte Oberflächen

Bei dem Repassivierungspotential für die mittels Flachschleifmaschine erzeugten Oberflächen zeigt sich, ähnlich wie schon bei den oben aufgeführten Werten für das erzielte kritische Lochfraßpotential, ein deutlicher Einfluss des angewendeten Abrasivstoffes. Für die mit SiC geschliffenen Oberflächen liegt das Repassivierungspotential allgemein höher als für die mit Al_2O_3 geschliffenen Oberflächen. Dieser Effekt wird mit steigendem Umformgrad des Grundwerkstoffes noch zusätzlich verstärkt. Zwischen den beiden Legierungen 1.4301/AISI 304 und 1.4310/AISI 301 (vgl. *Abbildung 49* und *Abbildung 50*) besteht auch bei den jeweils erzielten Messwerten für das Repassivierungspotential ein signifikanter Unterschied, welcher mit Zunahme des Umformgrades verstärkt wird.

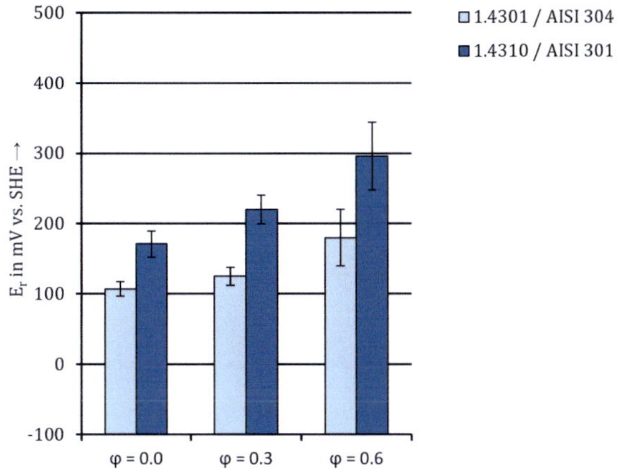

Abbildung 49: Messwerte des Repassivierungspotentials E_r für die Oberflächenausführung mit SiC industriell geschliffenen Proben in Acetatpuffer mit pH 4,5 und 0,08 mol/l NaCl

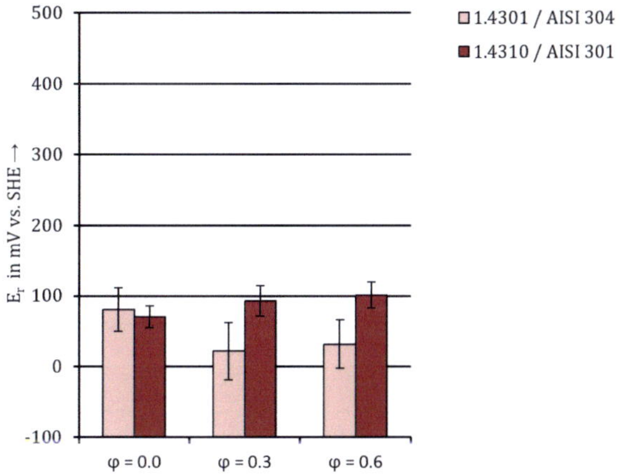

Abbildung 50: Messwerte des Repassivierungspotentials E_r für die Oberflächenausführung mit Al_2O_3 industriell geschliffenen Proben in Acetatpuffer mit pH 4,5 und 0,08 mol/l NaCl

Für die mit SiC geschliffenen Proben liegt mit einer Steigerung des Umformgrades auch ein Anstieg des erreichten Repassivierungspotentials vor. Für beide Stähle 1.4301/AISI 304 (siehe *Abbildung 49*) und 1.4310/AISI 301 (siehe *Abbildung 50*) ist festzustellen, dass mit steigendem Umformgrad auch die Differenz der jeweiligen Messwerte zwischen den mit SiC und mit Al_2O_3 geschliffenen Oberflächen zunimmt.

5.2.4 Ergebnisse der elektrochemischen Rauschmessung

Die Anpassung der Versuchsparameter auf die untersuchten Werkstoffe sowie die vorliegenden Oberflächenbedingungen erfordert insbesondere bei den elektrochemischen Rauschmessungen die Durchführung von einzelnen Vorversuchen.

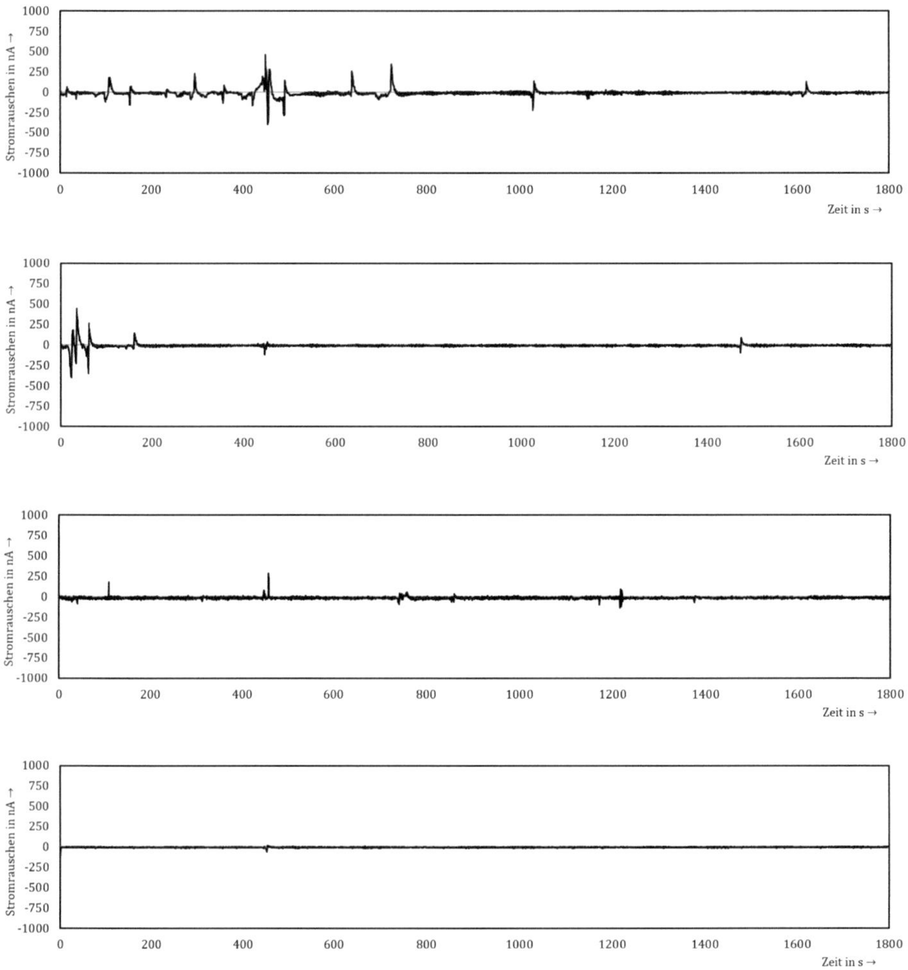

Abbildung 51: Gegenüberstellung der Messwerte des Stromrauschens bei einem Potential von 200 mV vs. SHE an industriell mit SiC geschliffenen Proben des Werkstoff 1.4301/AISI 304 in 1 mol/l NaCl-Lösung bei unterschiedlichen Temperaturen: von oben nach unten 25 °C, 20 °C, 15 °C, 10 °C

Durch die Festlegung des Elektrolyten auf 1 mol/NaCl und einer Spannung von 400 mV vs. SHE kann die Versuchstemperatur weiterführend variiert werden. *Abbildung 51* zeigt exemplarisch die im Rahmen von Vorversuchen aufgenommenen Rausch-Zeit-Kurven zur Bestimmung einer geeigneten Versuchstemperatur. Entsprechende Messungen werden für ausgesuchte Oberflächenzustände durchgeführt. Die Messungen zeigen, dass mit der gewählten Elektrolytkonzentration und der gewählten Spannung eine Prüfung bei 20°C zu einem aussagekräftigen Stromrauschen bei den einzelnen Oberflächenausführungen ohne Ausbildung von stabilem Lochwachstum führt. Diese Abstimmung der Versuchsparameter auf Grundlage von Vorversuchen zeigt, dass innerhalb der gewählten Versuchsdauer von 30 Minuten die Auftrittswahrscheinlichkeit eines stabilen Lochwachstums möglichst gering ist. Um sicherzustellen, dass die erfassten Messdaten richtig interpretiert werden, erfolgt eine optische Nachkontrolle an allen gemessenen Proben. Somit kann sichergestellt werden, dass für die Auswertung nur Proben herangezogen werden, welche keine erkennbaren Spuren von Lochfraß oder Spaltkorrosion aufweisen.

In Anlehnung an die Arbeiten von Heyn [Hey04] erfolgt die Gegenüberstellung der Messwerte zwischen den einzelnen Proben bzw. den unterschiedlichen Versuchsbedingungen anhand der Verläufe der Standardabweichung über die Messdauer. Hierzu wird eine Intervallbreite von 1 Minute gewählt, um die Standardabweichung zu bestimmen (siehe *Abbildung 52*).

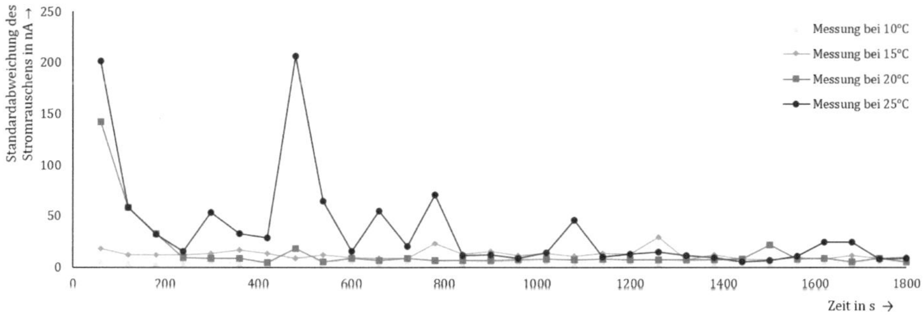

Abbildung 52: Gegenüberstellung der Standardabweichung des Stromrauschens bei einem Intervall von einer Minute für die Messdauer von 30 Minuten in Abhängigkeit von der Temperatur für polierte Proben des Werkstoffs 1.4301/AISI 304 in 1 mol/l NaCl

Zur weiterführenden Auswertung der Messwerte wird die geflossene Ladungsmenge über die Zeit integriert. Wie bereits oben erläutert, werden die Versuchsparameter so gewählt, dass die Ausbildung von stabilem Lochwachstum über die gesamte Messdauer von 30 Minuten vermieden wird. Dazu gehört neben der Festlegung der Versuchstemperatur auf 20 ± 2 °C auch eine entsprechend definierte Auslagerung der Proben bei erhöhter Luftfeuchte vor Versuchsdurchführung. Somit ist es möglich, vor allem den oben erläuterten Effekt des Passivschichtumbaus in den ersten Minuten der Messung deutlich zu unterdrücken.

Die geflossene Ladungsmenge über den Zeitbereich lässt somit Rückschlüsse auf die gelösten Metallionen bzw. über die Aktivität der Passivschicht zu. Da für die weiterführende Auswertung nur Proben herangezogen werden, bei welchen weder aufgrund des Rausch-Zeit-Verlaufes noch bei nachträglicher optischer Kontrolle der Oberfläche ein stabiles Lochwachstum vorliegt, sind die aufgezeichneten Effekte nur auf metastabile Ereignisse zurückzuführen.

Zur Bestimmung der Rauschladungsmenge erfolgt die Integration der Messwerte nach vorheriger Betragsbildung wie exemplarisch in *Abbildung 53* dargestellt. Der messtechnisch erfasste Rauschstrom, abgebildet in a), wird in b) als Betrag dargestellt. Durch Aufsummieren dieses Betrages über die gesamte Messdauer ergibt sich in c) ein kontinuierlicher Anstieg der Ladungsmenge, wobei sich Einzelereignisse, welche auf lokal und zeitlich begrenzte metastabile Ereignisse an der Oberfläche schließen lassen, sich jeweils auf den Kurvenverlauf entsprechend auswirken. Die somit erfasste Ladungsmenge gibt Aufschluss über Umfang und Ausprägung der während der Versuchsdauer stattfindenden elektrochemischen Einzelereignisse der jeweiligen Oberflächenausführungen.

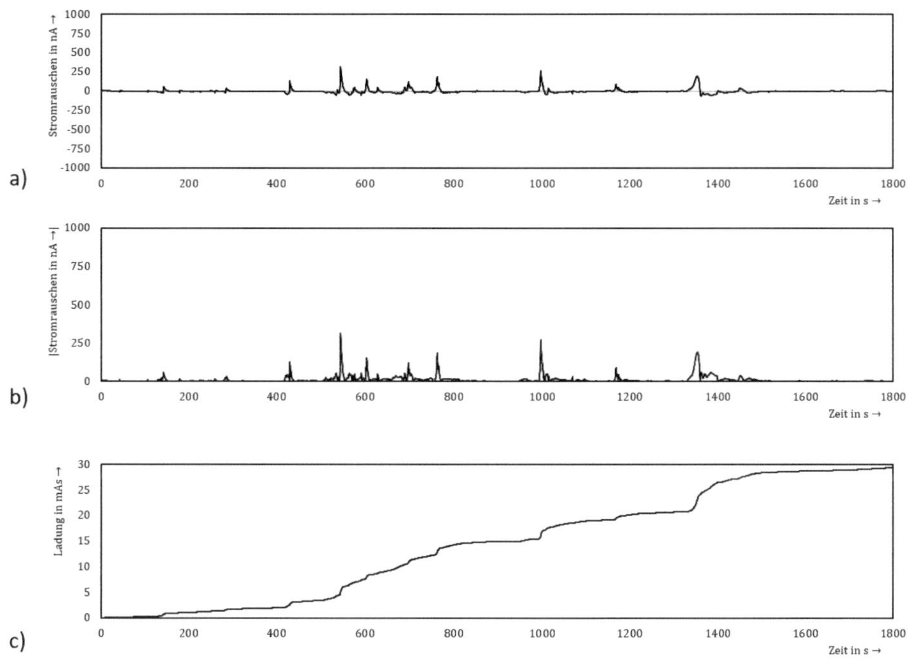

Abbildung 53: Darstellung der durchgeführten Auswerteschritte zur Erfassung der integrierten Ladungsmenge über die Versuchsdauer von 30 min in 1 mol/l NaCl bei 20°C und 400 mV vs. SHE für eine Probe des Werkstoffes 1.4310/AISI301, industriell geschliffen mit Al_2O_3: a) erfasste Messdaten des Stromrauschens, b) Betragsbildung der Messdaten und c) Integration der Ladungsmenge über die Zeit

Die durchgeführten Messungen des Stromrauschens über eine Versuchszeit von jeweils 30 Minuten zeigen Unterschiede der Rauschladungsmenge abhängig von den eingesetzten Schleifkornwerkstoffen, als auch in Abhängigkeit vom vorliegenden Umformgrad des Grundwerkstoffes auf. Die in *Abbildung 54* aufgeführte Gegenüberstellung der integrierten Ladungsmenge über die Messdauer zeigt einen deutlichen Einfluss des jeweiligen Bearbeitungsverfahrens auf die Messwerte. Während bei den durch Polieren oder Elektropolieren erzeugten Oberflächen mit zunehmendem Umformgrad auch eine Zunahme der Ladungsmenge festgestellt werden kann, zeigen die geschliffenen Oberflächen bei beiden untersuchten Werkstoffen ein umgekehrtes Verhalten.

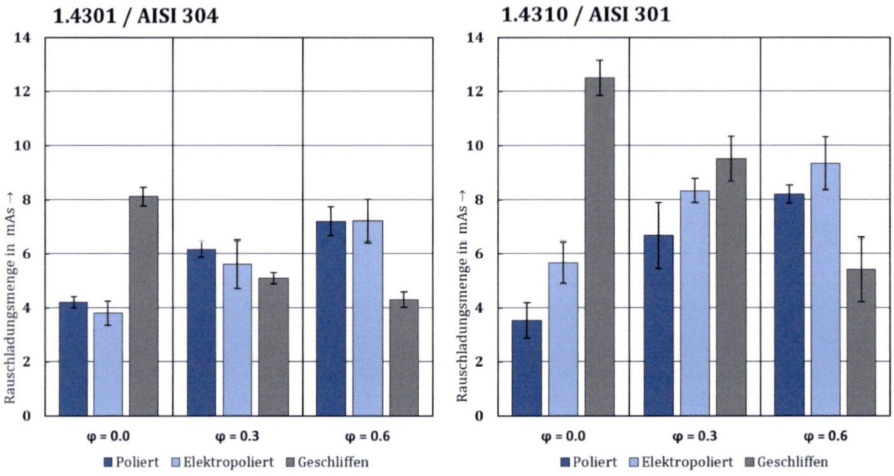

Abbildung 54: Integrierte Rauschladungsmenge über die Zeit des Werkstoffes 1.4301/AISI 304 (Links) und des Werkstoffes 1.4310/AISI 304 (Rechts) nach 30 Minuten in 1 mol/l NaCl-Lösung bei 20±1°C; Oberflächen im Labormaßstab mit unterschiedlichen Umformgraden φ vor der Bearbeitung erzeugt

Die Gegenüberstellungen für den Werkstoff 1.4301/AISI 304 für die beiden Schleifwerkstoffe, ein-gesetzt bei unterschiedlichen Umformgraden, zeigt in *Abbildung 55*, dass die ermittelte Ladungsmenge über die Messdauer für die mit Korund geschliffenen Oberflächen zu einem deutlich höheren Messwert führt. Die Messwerte für den Werkstoff 1.4310/AISI 301 in *Abbildung 55* bestätigen diesen Effekt. Ein signifikanter Einfluss des Umformgrads auf das gemessene Stromrauschen ist zumindest beim Werkstoff 1.4301/AISI 304 nicht festzustellen. Ebenfalls zu erkennen ist, dass die Streuung der einzelnen Messwerte beim Korundschliff deutlich höher liegt.

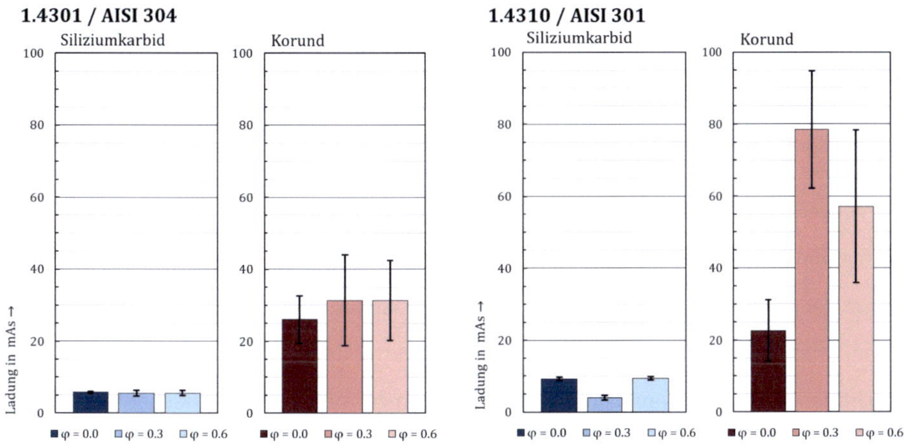

Abbildung 55: Integrierte Rauschladungsmenge über die Zeit des Werkstoffes 1.4301/AISI 304 (Links) und des Werkstoffes 1.4310/AISI 304 (Rechts) nach 30 Minuten in 1 mol/l NaCl-Lösung bei 20±1°C; jeweils industriell geschliffen mit Siliziumkarbid dargestellt in Blau und mit Korund dargestellt in Rot sowie jeweils in unterschiedlichen Umformgraden

5.3 Metallografie und chemische Zusammensetzung

5.3.1 Chemische Zusammensetzung

Die chemische Zusammensetzung der angewendeten Werkstoffe, bestimmt durch Funkenspektroskopie und in *Tabelle 2* aufgeführt, bietet die Berechnungsgrundlage zur Ermittlung der nachfolgend aufgeführten Kennwerte. In Bezug auf die Austenitstabilität erfolgt hierzu die Berechnung der M_S-Temperatur nach Eichelman [Eic53] und die M_{d30}-Temperatur nach Nohara [Noh77].

Der Werkstoff 1.4301/AISI 304 weist mit einer berechneten M_S-Temperatur von -112,5 °C und einer M_{d30}-Temperatur von 9,7 °C eine geringfügig höhere Austenitstabilität auf. Für den Werkstoff 1.4310/AISI 301 verfügt die angewendete Legierung über eine M_S-Temperatur von -91,45°C M_{d30}-Temperatur von 25,2°C. Dies bedeutet, dass bei gleichem Umformgrad beim Werkstoff 1.4310/AISI 301 mehr Umformmartensit gebildet wird als beim Werkstoff 1.4301/AISI 304.

In Bezug auf die Korrosionsbeständigkeit auf Grundlage des berechneten PREN-Wertes gemäß *Gleichung (4)*, liegen beide Legierungslagen mit 20,43 für den Werkstoff

1.4301/AISI 304 und 20,80 für den Werkstoff 1.4310/AISI 301 auf einem vergleichbaren Niveau.

5.3.2 Röntgenphotoelektronenspektroskopie

Die Anwendung von Röntgenphotoelektronenspektroskopie, kurz XPS, soll den Einfluss der Kaltumformung auf die Veränderung des chemischen Aufbaus im Bereich der oberen 20 nm der Proben zeigen. Der erzeugte Messwert ist dabei jeweils ein integraler Wert der chemischen Zusammensetzung der einzelnen Sputterschritte. Die Untersuchung an den geschliffenen Oberflächenausführungen führt infolge von hoher Oberflächenrauheit oder Inhomogenität der Oberfläche zu keinen brauchbaren Messwerten. Diese als unbrauchbar eingestuften Messungen zeichnen sich insbesondere dadurch aus, dass eine signifikante Ausprägung der Passivschicht, wie diese am Chrom-Peak in *Abbildung 56* zu erkennen ist, nicht vorliegt.

Für die polierten und elektropolierten Oberflächenausführungen sind die Tiefenprofile vergleichbar und reproduzierbar. Die vorliegende Passivschicht zeigt bei beiden untersuchten Werkstoffen, unabhängig vom Umformgrad eine deutliche Ausprägung der Passivschicht in Form eines stark erhöhten Chromgehaltes in einer Tiefe von bis zu 5 nm. In diesem Bereich und knapp darunter liegt eine geringfügige Erhöhung des Nickelgehalts vor. Die vergleichbare Legierungslage der beiden untersuchten Werkstoffe zeigt sich auch im sehr ähnlichen Verlauf des Tiefenprofils der chemischen Zusammensetzung. Die hohe Kohlenstoffkonzentration beim jeweils ersten Messpunkt ist auf die Probenvorbereitung zurückzuführen und kann angesichts des deutlichen Abfalls nach der ersten Sputterstufe vernachlässigt werden.

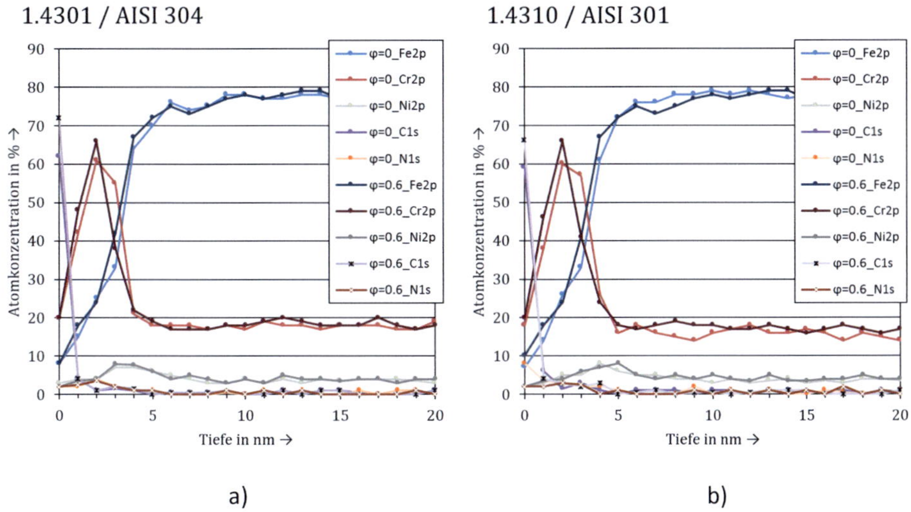

Abbildung 56: XPS-Tiefen von ausgewählten chemischen Elementen an elektropolierter Oberfläche im lösungsgeglühten Zustand mit φ = 0 sowie im kaltumgeformten Zustand mit φ = 0,6; in a) für den Werkstoff 1.4301/AISI 304 und in b) für den Werkstoff 1.4310/AISI 301

An der Gegenüberstellung der Tiefenprofile in *Abbildung 56* ist zu erkennen, dass die chemische Zusammensetzung infolge der Kaltumformung verändert wird. Der Chrom-Peak in einer Sputtertiefe von 2-4 nm ist bei beiden untersuchten Werkstoffen im lösungsgeglühten Zustand geringfügig niedriger als der Chrompeak im kaltumgeformten Zustand. Die Tiefenausprägung ist hingegen im unverformten Zustand höher. Deutlich zu erkennen ist diese unterschiedliche Ausprägung anhand des Verhältnisses von Chrom zu Eisen, dargestellt in *Abbildung 57*.

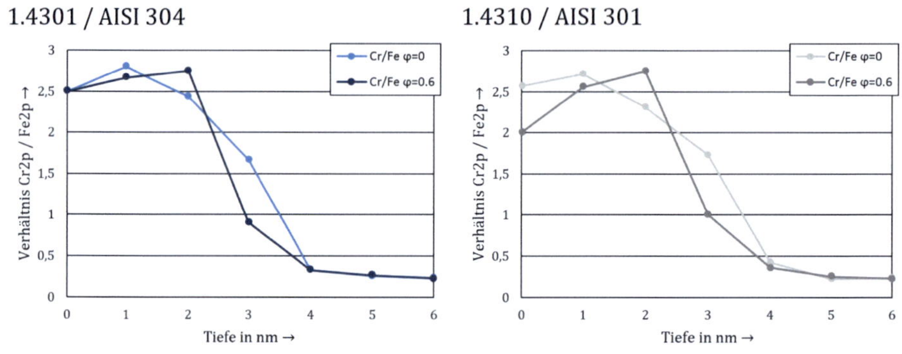

a) b)

Abbildung 57: Berechnetes Chrom-Eisen-Verhältnis auf Grundlage des XPS-Tiefenprofils an elektropolierter Oberfläche jeweils im lösungsgeglühten Zustand mit φ = 0 sowie im kaltumgeformten Zustand mit φ = 0,6; in a) für den Werkstoff 1.4301/AISI 304 und in b) für den Werkstoff 1.4310/AISI 301

Die Ausprägung Cr/Fe-Verhältnis des Tiefenprofiles in Abhängigkeit von dem Umformgrad, ist bei beiden Werkstoffen vergleichbar. Dabei ist festzustellen, dass der maximale Wert des Cr/Fe-Verhältnis, unabhängig vom vorliegenden Umformgrad vergleichbar ist.

5.3.3 Metallografische Gefügebestimmung

Die metallografischen Untersuchungen zeigen bei beiden Werkstoffen im Ausgangszustand ein ähnliches Gefüge. Während im lösungsgeglühten Zustand für beide Werkstoffe sowohl Korngrenzen als auch austenitisches Gefüge deutlich zu erkennen sind, wird die lichtmikroskopische Interpretation mit steigendem Umformgrad für die kaltgewalzten Proben mit φ = 0,3 und φ = 0,6 erheblich schwieriger. Zeilige Strukturen und eine sichtbare Deformation der Körner infolge des höheren Umformgrades in Walzrichtung nehmen deutlich zu. Eine entsprechende Änderung des Gefüges ist sowohl für den Werkstoff 1.4301/AISI 304 (*Abbildung 58* und *Abbildung 59*) als auch für den Werkstoff 1.4310/AISI 301 (*Abbildung 60* und *Abbildung 61*) zu erkennen.

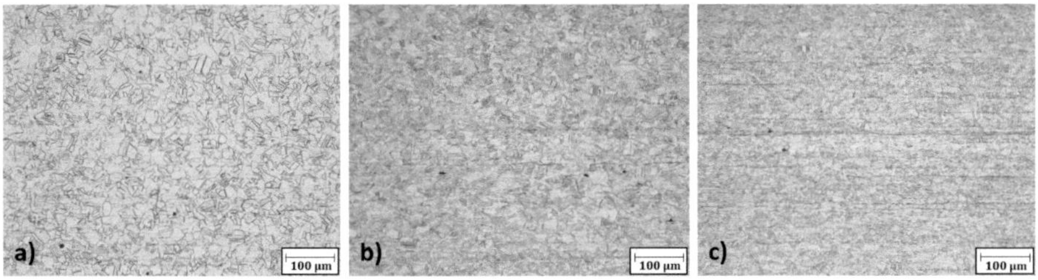

Abbildung 58: Lichtmikroskopische Aufnahmen - Gefüge des Werkstoffes 1.4301/AISI 304 bei Umformgraden a) φ = 0, b) φ = 0,3 und c) φ = 0,6; Darstellung als Längsschliff zur Walzrichtung des Bleches; V2A-Beize

Abbildung 59: Lichtmikroskopische Aufnahmen - Gefüge des Werkstoffes 1.4301/AISI 304 bei Umformgraden a) φ = 0, b) φ = 0,3 und c) φ = 0,6; Darstellung als Längsschliff zur Walzrichtung des Bleches; V2A-Beize

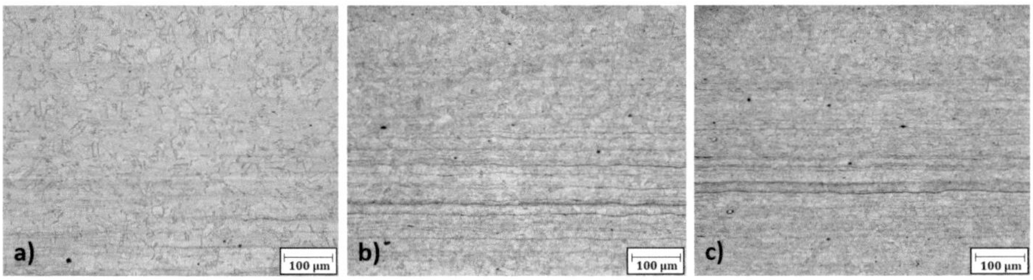

Abbildung 60: Lichtmikroskopische Aufnahmen - Gefüge des Werkstoffes 1.4310/AISI 301 bei Umformgraden a) φ = 0, b) φ = 0,3 und c) φ = 0,6; Darstellung als Längsschliff zur Walzrichtung des Bleches; V2A-Beize

Abbildung 61: Lichtmikroskopische Aufnahmen - Gefüge des Werkstoffes 1.4310 bei Umformgraden φ = 0, φ = 0,3, φ = 0,6; Darstellung als Längsschliff zur Walzrichtung des Bleches; V2A-Beize

Im Gegensatz zu den Gefügeaufnahmen des Werkstoffes 1.4301/AISI 304 ist das Gefüge des Werkstoffes 1.4310/AISI 301 durch Anwendung von V2A-Beize mittels Lichtmikroskopie weniger deutlich zu erkennen. Die Anwendung der Ätzung nach Kane erlaubt eine Differenzierung zwischen den vorliegenden Umformgraden des Werkstoffes (siehe *Abbildung 62* bis *Abbildung 64*).

Aufgrund der hohen Sensitivität der gewählten Ätzung nach Kane ist eine Quantifizierung des vorliegenden Martensits anhand der erzeugten Aufnahmen nicht möglich. Dass ein entsprechender qualitativer Vergleich dennoch möglich ist, zeigen dem hingegen nachfolgende lichtmikroskopische Aufnahmen (siehe *Abbildung 62* bis *Abbildung 64*).

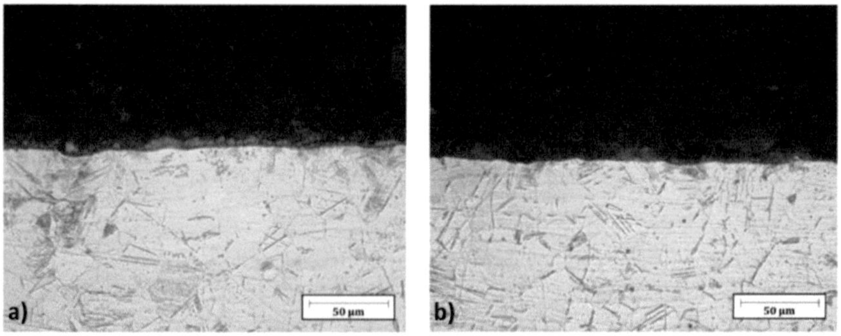

Abbildung 62: Werkstoff 1.4310/AISI 301 – Umformgrad φ= 0; an einer labortechnisch präparierten Bauteiloberfläche: a) Längsschliff zur Walz- und Bearbeitungsrichtung, b) Querschliff zur Walz- und Bearbeitungsrichtung; Proben 45° geneigt zur Präparationsebene um den Bereich der Oberflächentopografie in der Bildebene zu vergrößern; Ätzung nach Kane

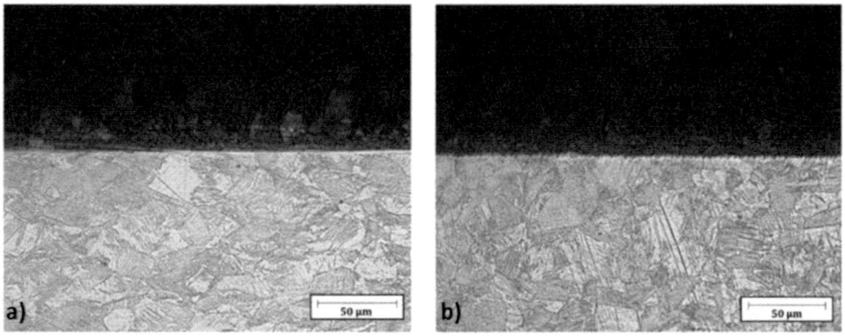

Abbildung 63: Werkstoff 1.4310/AISI 301 – Umformgrad φ= 0,3; an einer labortechnisch präparierten Bauteiloberfläche: a) Längsschliff zur Walz- und Bearbeitungsrichtung, b) Querschliff zur Walz- und Bearbeitungsrichtung; Proben 45° geneigt zur Präparationsebene um den Bereich der Oberflächentopografie in der Bildebene zu vergrößern; Ätzung nach Kane

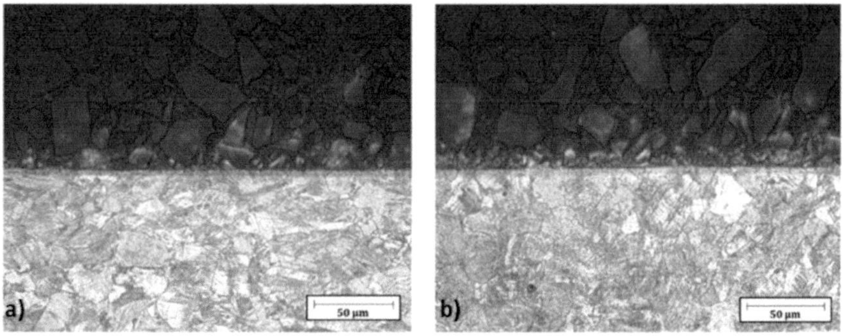

Abbildung 64: Werkstoff 1.4310/AISI 301 – Umformgrad φ= 0,6; an einer labortechnisch präparierten Bauteiloberfläche a) Längsschliff zur Walz- und Bearbeitungsrichtung, b) Querschliff zur Walz- und Bearbeitungsrichtung; Proben 45° geneigt zur Präparationsebene um den Bereich der Oberflächentopografie in der Bildebene zu vergrößern; Ätzung nach Kane

Eine direkte Einflussnahme der mechanischen Oberflächenbearbeitung und der daraus resultierenden Deformation im Randbereich, welche zu einer zusätzlichen Martensitbildung führt, ist anhand der Aufnahmen nicht zu erkennen. Ebenfalls kann ein signifikanter Unterschied in Verteilung oder Ausprägung weder zwischen den beiden untersuchten Werkstoffen 1.4301/AISI 304 und noch infolge der angewandten Oberflächenbearbeitungen festgestellt werden.

Bei den Proben im nicht kaltgewalzten Zustand (Umformgrad φ = 0) lassen sich vereinzelt Deformationen an der Oberfläche anhand von Martensitinseln im stark lokal begrenzten

Umfang nachweisen. Hierdurch das sensitive Ansprechverhalten diese Art der Ätzung auf Umformmartensit zu erkennen. *Abbildung 65* und *Abbildung 66* zeigen hierzu exemplarisch eine lokale Deformation mit Umformmartensit im sonst martensitfreien Grundgefüge bei der Ätzung nach Kane. Infolge der plastischen Deformation sind in der Mitte des Bildes entsprechende Gleitebenen auch bei der lichtmikroskopischen Untersuchung erkennbar.

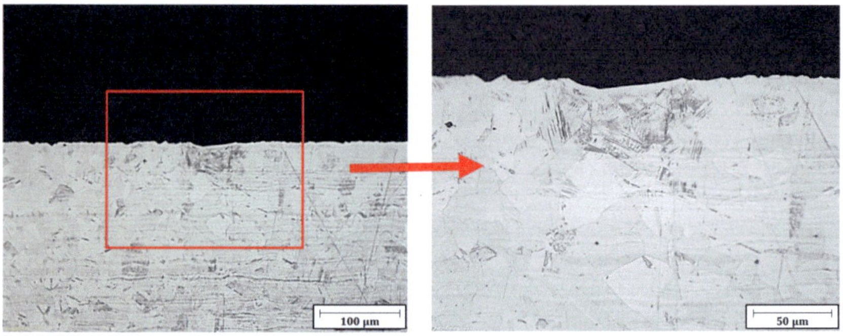

Abbildung 65: Gefüge des Werkstoffes 1.4301 ohne durchgeführten Kaltwalzprozess an industriell geschliffener Oberfläche, Schleifmittel Al_2O_3, mit lokaler Deformation des Gefüges; Blickrichtung in Schleifrichtung; Ätzung nach Kane

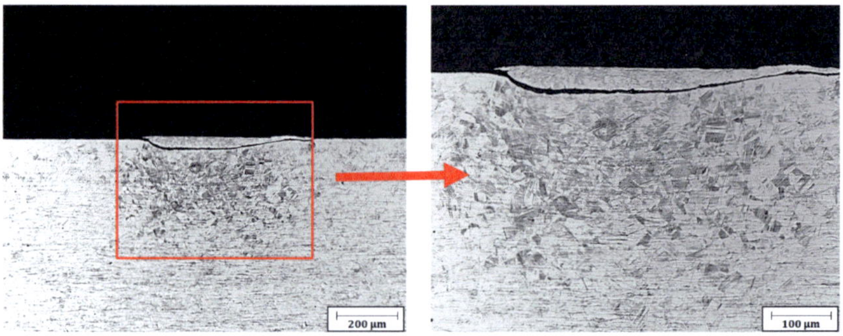

Abbildung 66: Gefüge des Werkstoffes 1.4301 ohne durchgeführten Kaltwalzprozess an industriell geschliffener Oberfläche, Schleifmittel SiC, mit lokaler Deformation des Gefüges; Blickrichtung quer zur Schleifrichtung; Ätzung nach Kane

Entsprechende Oberflächendefekte wie in *Abbildung 65* sind bei dem Material im lösungsgeglühten Zustand nach der Kane-Ätzung gut erkennbar, da der Unterschied zum ansonsten martensitfreien, austenitischen Grundgefüge ersichtlich ist. Eine Ätzung nach Kane an den geschliffenen Proben gibt allerdings keinerlei Hinweise, dass es bei der Schleifbearbeitung zu einer Martensitbildung im äußersten Oberflächenbereich kommt. Bei den Proben im kaltgewalzten Zustand (Umformgrad φ = 0,3 und φ = 0,6) liegt im Grundgefüge bereits Umformmartensit vor, so dass vergleichbare Oberflächen-defekte, bedingt durch die Bearbeitung der Oberfläche, keine signifikanten bzw. reproduzierbaren Anzeichen ergeben (vgl. *Abbildung 67* und *Abbildung 68*). Bei den Gefügeuntersuchungen zeigen sich allerdings immer wieder Oberflächendefekte, die zu einer korrosionskritischen Spaltbildung führen können (siehe *Abbildung 67*).

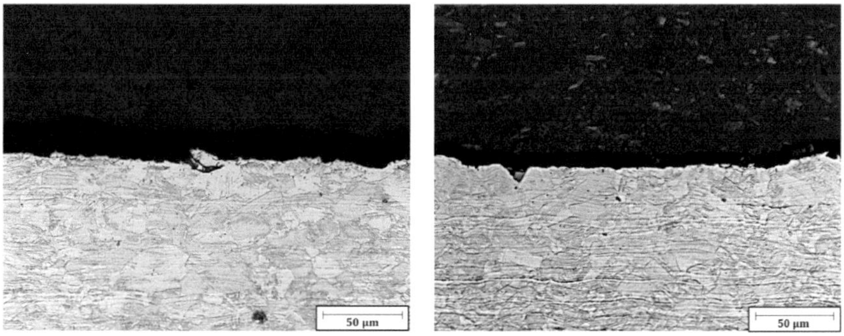

Abbildung 67: Gefüge des Werkstoffes 1.4310/AISI 301 mit Umformgrad φ = 0,3 und industriell geschliffener Oberfläche, Blickrichtung in Schleifrichtung; 500-fache Vergrößerung; Ätzung nach Kane

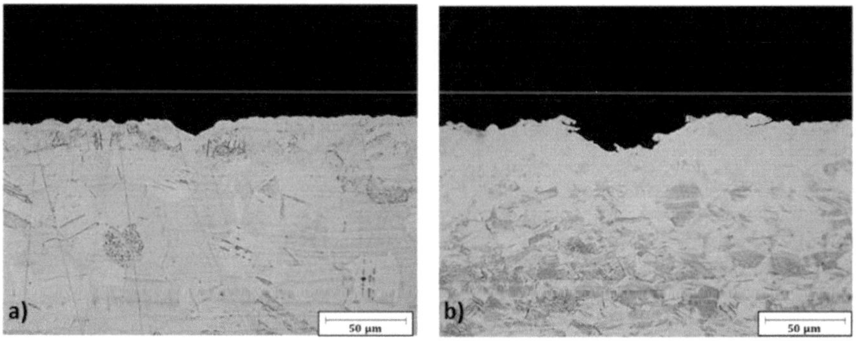

Abbildung 68: Gefüge des Werkstoffes 1.4301/AISI 304: a) Umformgrad φ = 0,3 und b) Umformgrad φ = 0,6; mit industriell geschliffener Oberfläche, Blickrichtung in Schleifrichtung; 500-fache Vergrößerung; Ätzung nach Kane

Die durchgeführten metallografischen Untersuchungen erlauben eine deutliche Differenzierung zwischen den vorliegenden Umformgraden. Mithilfe der Kane-Ätzung kann sowohl die infolge des Kaltwalzprozesses großflächige, als auch eine aufgrund von lokalen

Defekten erzeugte lokale Bildung von Martensit sichtbar gemacht werden. Systematische Einflüsse angesichts der Oberflächenbearbeitung, wie beispielsweise die Bildung von Umformmartensit beim Schleifen, können hingegen nicht aufgezeigt werden.

5.4 Martensitevolution

Die Beurteilung der Austenitstabilität der vorliegenden Legierungen erfolgt bereits durch Seemann [See14] durch die Anwendung der verschiedenen empirischen Modelle zur Berechnung der Kennzahlen M_s und M_{d30} sowie der auftretenden Stapelfehlerenergie. Die Arbeit zeigt, dass an mehrstufig kaltgewalzten Blechen der untersuchten Werkstoffe für die gewählten Umformgrade $\varphi = 0$; $\varphi = 0{,}3$ und $\varphi = 0{,}6$ die Anwesenheit von ε-Martensit nicht für die hier vorliegenden Legierungen nachgewiesen werden kann. Die berechnete Stapelfehlerenergie $\gamma_{SFE,6}$ gemäß *Tabelle 7* im Anhang ergibt sich auf Grundlage der chemischen Zusammensetzung in *Tabelle 2* für den Werkstoff 1.4301/AISI 304 $\gamma_{SFE,6} = 26{,}15$ mJ/m² und für den Werkstoff 1.4310/AISI 301 $\gamma_{SFE,6} = 24{,}29$ mJ/m². Somit liegen beide gewählten Legierungen über dem Grenzwert von 20 mJ/m², ab welchem die Bildung von ε-Martensit erfolgen kann [SFB761, See14]. In der vorliegenden Arbeit werden an ausgesuchten Proben exemplarische EBSD-Untersuchungen durchgeführt (*Abbildung 69*), um zu prüfen, ob eine Schleifbearbeitung zu einer Bildung von Umformmartensit im oberflächennahen Bereich führt.

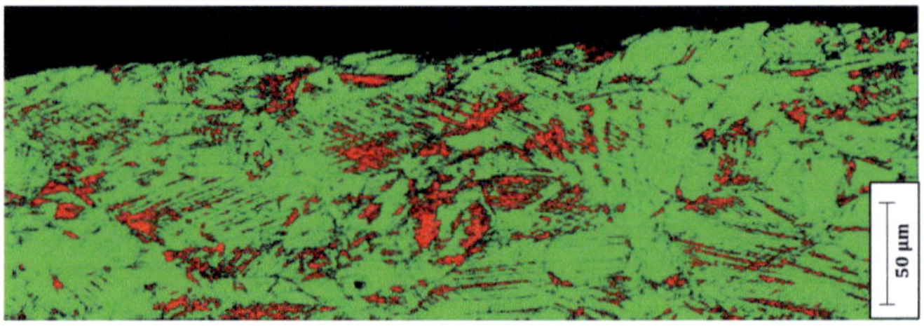

Abbildung 69: EBSD-Aufnahme von einer Probe des Werkstoffs 1.4301/AISI 304: Grüne Bereiche γ-Austenite (kfz), rote Bereiche α'-Martensite (krz) [See14]

Der Vergleich mit Messwerten des magnetinduktiven Messverfahrens mit Messwerten der EBSD-Messung an kaltgewalzten Materialien zeigt einen nahezu deckungsgleichen Verlauf (*Abbildung 70*). Vor und nach der Weiterverarbeitung erfolgt die Bestimmung des α\`-Phasenanteils mittels magnet-induktiver Messung bei unterschiedlichen Umformgraden. Die durchgeführten Untersuchungen zielen vorwiegend darauf ab, eine mögliche Beeinflussung durch die gewählten Bearbeitungsparameter auf die Verteilung von Martensit und Austenit zu detektieren.

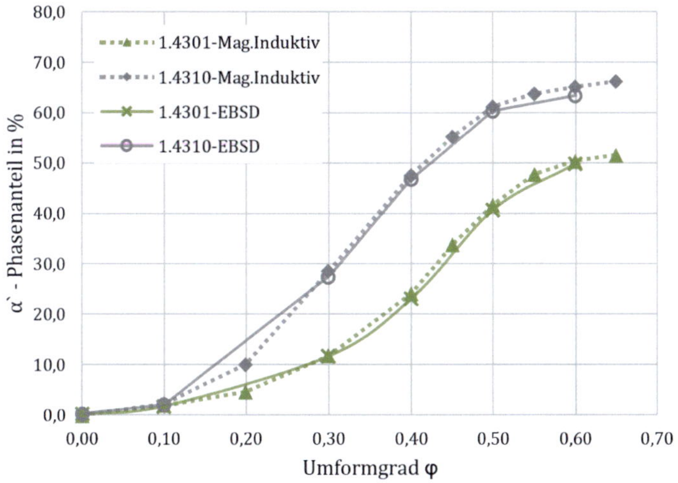

Abbildung 70: α\`-Martensitevolution über den durch den Kaltwalzvorgang erreichten Umformgrad für die untersuchten Werkstoffe ohne Oberflächenbearbeitung

Die ermittelten Messwerte zeigen für beide Werkstoffe einen sigmoidalen Verlauf, wobei sich für den Werkstoff 1.4310/AISI 301 höhere Werte einstellen. Dies deckt sich mit der höher liegenden M_{d30}-Temperatur nach Nohara et al. [Noh77] für diesen Werkstoff, was für eine geringere Austenitstabilität spricht.

Durch die Anwendung der magnetinduktiven Bestimmung des Martensitgehalts ergibt sich nach Werner [Wer16] ein direkter Einfluss der Oberflächenrauheit auf den Messwert, welcher beim eingesetzten Fertiscope MP30 in weiterer Folge zur Bestimmung des Martensitgehaltes verwendet wird. Da keine entsprechenden Korrekturfaktoren vorliegen, werden die Messwerte für die jeweiligen Umformgrade direkt miteinander verglichen.

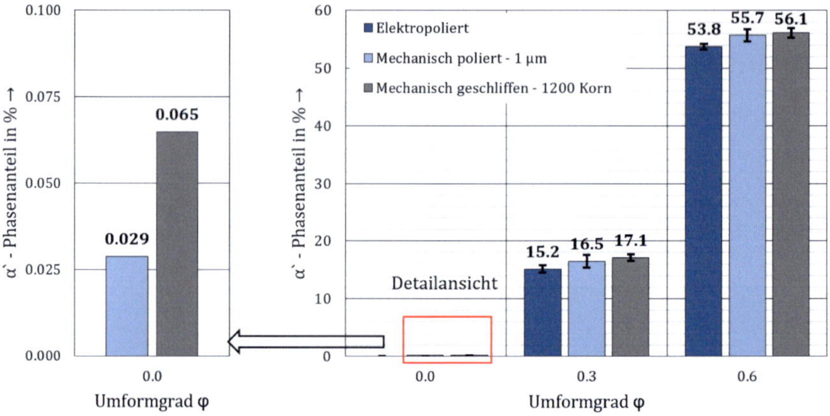

Abbildung 71: α`-Martensitevolution über den durch den Kaltwalzvorgang erreichten Umformgrad für die im Labormaßstab bearbeiteten Proben des Werkstoffes 1.4301/AISI 304

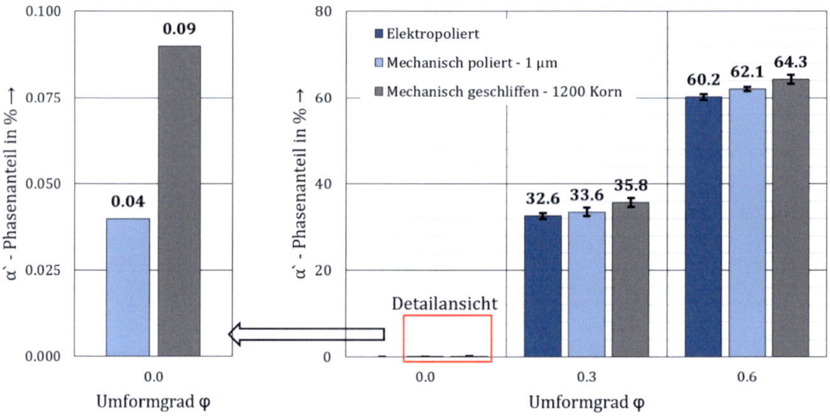

Abbildung 72: α`-Martensitevolution über den durch den Kaltwalzvorgang erreichten Umformgrad für die im Labormaßstab bearbeiteten Proben des Werkstoffes 1.4310/AISI 301

Für die im Labormaßstab präparierten Oberflächen deuten beide untersuchten Grundwerkstoffe darauf hin, dass abhängig von dem angewandten Verfahren eine systematische Beeinflussung der magnetinduktiven Messung vorliegt (siehe *Abbildung 71* und *Abbildung 72*). Die elektropolierten Proben zeigen für alle Umformgrade einen tendenziell niedrigeren Messwert im Vergleich zu den mechanisch bearbeiteten Proben. Die mechanisch geschliffenen Oberflächen zeigen dabei für alle Umformgrade einen leicht höheren Messwert als die mechanisch polierten Proben.

An den industriell erzeugten Oberflächen sind vergleichbare Tendenzen nicht zu erkennen (siehe *Abbildung 73*).

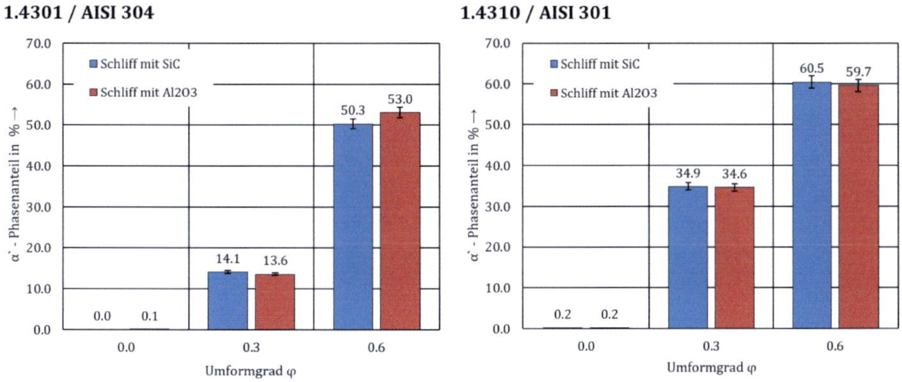

Abbildung 73: α`-Martensitevolution über den durch den Kaltwalzvorgang erreichten Umformgrad für die industriell geschliffenen Oberflächen – Werte gemittelt aus Proben mit unterschiedlichen Prozessparametern

Die angewendeten Messmethoden zur Detektion und Quantifizierung der α'-Phase weisen anhand der untersuchten Proben vergleichbare Werte auf, welche keinen systematischen Einfluss der angewendeten Oberflächenbearbeitung erkennen lassen. Sowohl die Schliffbilder mit Ätzung nach Kane als auch die EBSD-Aufnahmen weisen im Bereich von 5 µm bis 100 µm bei den umgeformten Proben keinen erkennbaren Unterschied mit zunehmenden Randabstand auf. Bedingt durch die begrenzte Ortsauflösung der angewendeten Messmethoden ist es nicht möglich lokal begrenzte Einzelereignisse im Randbereich zu identifizieren bzw. den dort lokal vorliegenden α'-Phasenanteil zu messen.

5.5 Mechanische Eigenschaften

5.5.1 Härtemessung

Die durch den Walzprozess verursachte Martensitevolution wirkt sich signifikant auf die ermittelten Härtewerte aus. Beide Werkstoffe weisen eine deutliche Zunahme der Härte infolge der Kaltverfestigung und dem Auftreten des martensitischen Gefüges auf. Wie in *Abbildung 74* zu erkennen, nimmt die Differenz der Härte zwischen den beiden untersuchten Werkstoffen mit zunehmendem Umformgrad zu, wobei dieser Anstieg zwischen dem

Umformgrad φ = 0,3 bis φ = 0,6 deutlich abflacht. Der Werkstoff 1.4310/AISI 301 erreicht hier deutlich höhere Härtewerte als der Werkstoff 1.4301/AISI 304.

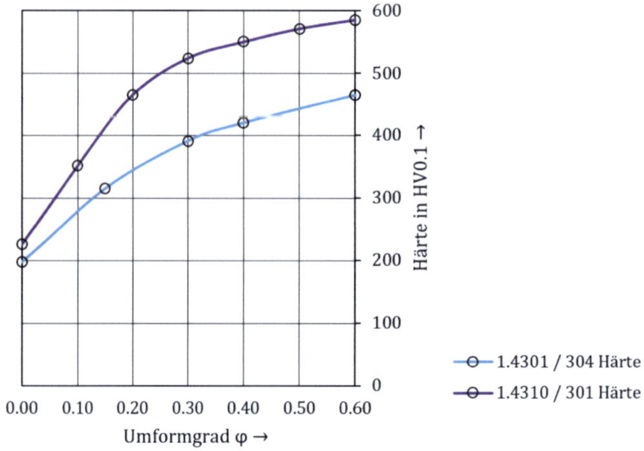

Abbildung 74: Verlauf der gemessenen Oberflächenhärte nach Vickers HV0.1 über den Umformgrad φ, ermittelt aus kaltgewalzten Proben

Die Untersuchung des Härteverlaufs lässt einen geringfügigen Anstieg des Messwertes zwischen einem Randabstand von 50 µm und 100 µm erkennen. Dieser systematische Effekt lässt sich mit dem geringen Abstand zur Bauteilkante erklären und tritt auch bei den Proben auf, die im nicht kaltverfestigten, sondern im lösungsgeglühten Ausgangszustand geschliffen werden. Die Werte im Randabstand von 250 µm sind vergleichbar mit den Messwerten des Grundmaterials. Eine Einflussnahme auf die erzielte Härte abhängig von den Prozessparametern bei der Oberflächenbearbeitung oder des angewendeten Abrasivstoffes beim maschinellen Schleifen ist nicht feststellbar (siehe *Abbildung 75* und *Abbildung 76*).

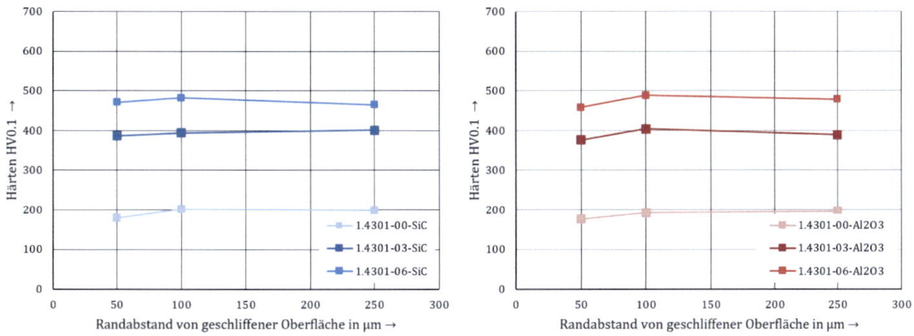

a) b)

Abbildung 75: Einfluss von Randabstand und Umformgrad an geschliffenen Oberflächen; Werkstoff 1.4301/AISI 304: a) mit SiC geschliffen und b) mit Al_2O_3 geschliffen

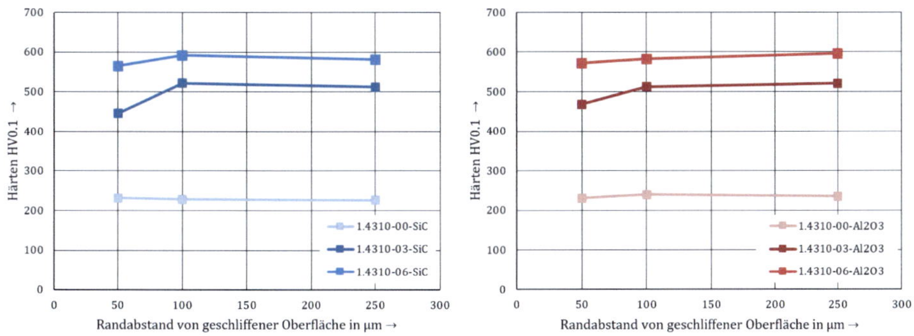

a) b)

Abbildung 76: Einfluss von Randabstand und Umformgrad an geschliffenen Oberflächen; Werkstoff 1.4310/AISI 301: a) geschliffen mit SiC und b) geschliffen mit Al_2O_3

Die erzielten Härtewerte zwischen der mit Maschinenschliff und der im Labormaßstab erzeugten Oberflächenzuständen weisen das gleiche Verhalten auf. Im Randbereich ist ebenfalls ein geringfügiger Abfall der vorliegenden Härte bei beiden Werkstoffen festzustellen.

5.5.2 Zugfestigkeit

Im Gegensatz zu den oben aufgeführten Ergebnissen erfolgt die Bestimmung der Kennwerte mittels Zugversuchs ohne vorherige Bearbeitung der Oberfläche. Eine gleichmäßige Oberflächenbearbeitung wäre infolge der Probengröße mit erheblichen technischen Herausforderungen verbunden. Auch wenn eine Einflussnahem auf die mechanischen Kennwerte durch die vorliegende Oberflächenrauheit als möglich erachtet wird, dient die vorliegende Untersuchung zur Ermittlung der erzielten mechanischen Eigenschaften vor der Oberflächenbearbeitung.

Die Zugversuche zeigen eine auf Grundlage der Theorie erwartete Veränderung der mechanischen Eigenschaften infolge der Kaltumformung. Mit steigendem Umformgrad ist eine deutliche Erhöhung der Streckgrenze zu erkennen. Damit einhergehend sind eine Reduktion der Bruchdehnung und eine Steigerung der Zugfestigkeit festzustellen. Ebenfalls zu erkennen ist die unterschiedliche Charakteristik der Messkurven bei unterschiedlichen Umformgraden. Während im normalgeglühten Zustand zwischen Streckgrenze und Maximalspannung eine signifikante Steigerung vorliegt, ist diese Differenz bei dem Umformgrad φ = 0,3 deutlich geringer ausgeprägt. Bei einem Umformgrad von φ = 0,6 ist der Unterschied zwischen Streckgrenze und Zugfestigkeit am geringsten (*Abbildung 77* und *Abbildung 78*).

Im Gegensatz zu dem Werkstoff 1.4301/AISI 304 zeigt der Werkstoff 1.4310/AISI 301 im Spannungs-Dehnungs-Diagramm leicht ausgeprägte Transienten nach dem Erreichen der Gleichmaßdehnung.

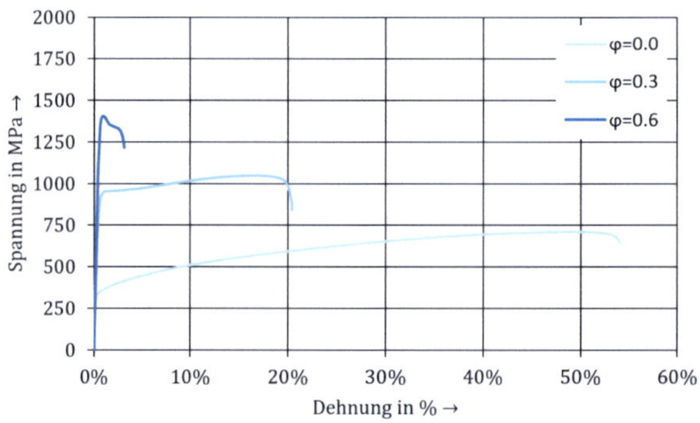

Abbildung 77: Spannungs-Dehnungs-Diagramm des Werkstoffes 1.4301/AISI 304 mit unterschiedlichen Umformgraden

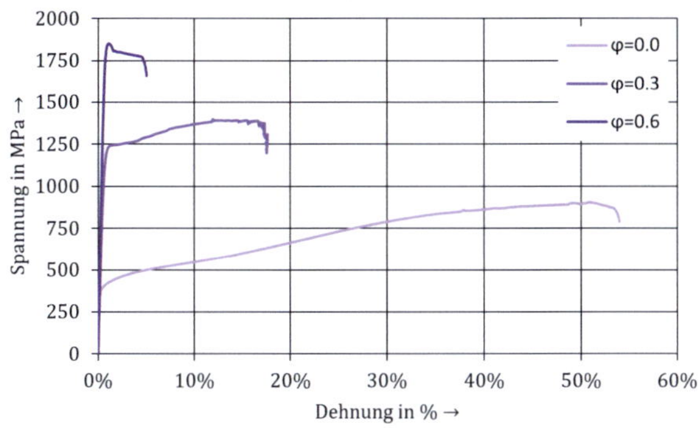

Abbildung 78: Spannungs-Dehnungs-Diagramm des Werkstoffes 1.4310/AISI 301 mit unterschiedlichen Umformgraden

Um ein deutlicheres Bild über den Verlauf der erzielten Zugfestigkeit R_m sowie der Bruchdehnung A5 gemäß ISO 6892 [ISO6892] zu bekommen, ist hierzu in den beiden nachfolgenden Abbildungen der jeweilige Verlauf über den Umformgrad dargestellt. Der Verlauf zeigt die gemittelten Werte aus jeweils 5 Einzelmessungen. Neben den drei Umformgrade, welche im Rahmen dieser Arbeit für die weiterführenden Bearbeitungen der Oberfläche herangezogen wurden, sind hier weitere Proben mit dazwischenliegenden Umformgraden geprüft worden, um eine entsprechende Abstufung zu erzielen.

Die Zugfestigkeit in *Abbildung 79* zeigt einen annähernd linearen Anstieg im Bereich zwischen φ = 0 bis φ = 0,6. Wie schon anhand des Spannungsdehnungsverlaufes zu erkennen, weist der Werkstoff 1.4310/AISI 301 für alle untersuchten Umformgrade höhere Festigkeitswerte auf. In der erzielten Bruchdehnung ist hingegen in *Abbildung 80* ein ähnlicher Verlauf für die beiden Werkstoffen mit zunehmender Kaltumformung festzustellen.

Um ein deutlicheres Bild über den Verlauf der erzielten Zugfestigkeit R_m sowie der Bruchdehnung A5 gemäß ISO 6892 [ISO6892] zu bekommen, ist hierzu in den beiden nachfolgenden Abbildungen der jeweilige Verlauf über den Umformgrad dargestellt. Der Verlauf zeigt die gemittelten Werte aus jeweils 5 Einzelmessungen. Neben den drei Umformgrade, welche im Rahmen dieser Arbeit für die weiterführenden Bearbeitungen der Oberfläche herangezogen wurden, sind hier weitere Proben mit dazwischenliegenden Umformgraden geprüft worden, um eine entsprechende Abstufung zu erzielen.

Die Zugfestigkeit in zeigt einen annähernd linearen Anstieg im Bereich zwischen φ = 0 bis φ = 0,6. Wie schon anhand des Spannungsdehnungsverlaufes zu erkennen, weist der Werkstoff 1.4310/AISI 301 für alle untersuchten Umformgrade höhere Festigkeitswerte auf. In der erzielten Bruchdehnung ist hingegen ein ähnlicher Verlauf für beide Werkstoffe in Abhängigkeit der Kaltumformung festzustellen.

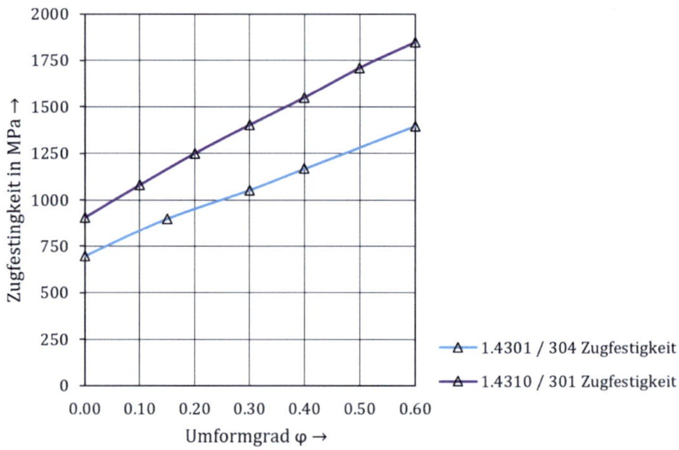

Abbildung 79: Verlauf der Zugfestigkeit Rm gemäß ISO 6892 über den Umformgrad φ, ermittelt aus kaltgewalzten Proben

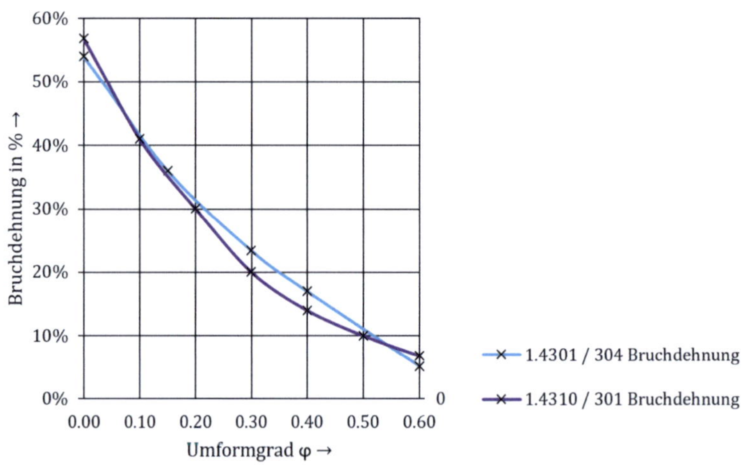

Abbildung 80: Verlauf der Bruchdehnung A5 gemäß ISO 6892 über den Umformgrad φ, ermittelt aus kaltgewalzten Proben

5.6 Morphologie von Oberflächen und Korrosionsangriff

5.6.1 Oberflächencharakterisierung

5.6.1.1 Oberflächencharakterisierung mittels Rasterelektronenmikroskop

Die Untersuchung der im Labormaßstab erzeugten Oberflächen ermöglicht eine deutliche Differenzierung zwischen den angewendeten Bearbeitungsverfahren. Insbesondere die geschliffenen Oberflächen weisen hier den erwarteten deutlichen Unterschied gegenüber der polierten und elektropolierten Ausführung auf (siehe *Abbildung 81*).

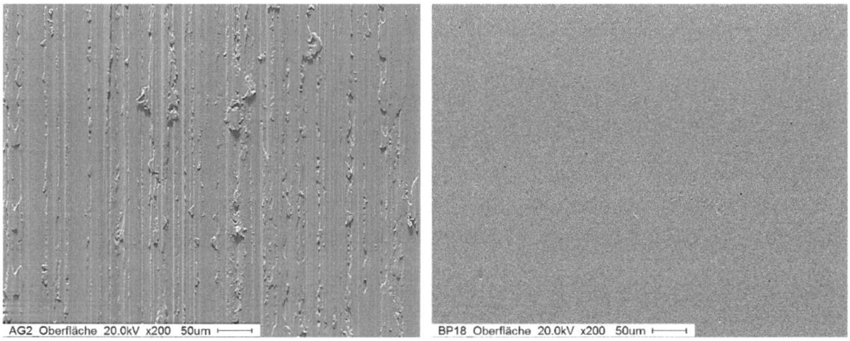

Abbildung 81: Exemplarische Darstellung von REM-Aufnahmen des Werkstoffes 1.4301/AISI 304 im lösungsgeglühten Ausgangszustand; Links: labortechnisch geschliffenen Oberflächen und Rechts: metallografisch präparierte Oberfläche

Die Darstellung der elektropolierten Oberflächenausführung erfolgt mit einer höheren Vergrößerung von 1000:1, sodass von einer direkten Gegenüberstellung zwischen der metallurgisch polierten Oberfläche (siehe *Abbildung 81*) und der elektropolierten Oberfläche (siehe *Abbildung 82*) abgesehen werden sollte. In keinem der vorliegenden Fälle ist anhand der REM-Aufnahmen und der durch den Betrachter erkennbaren Topografie eine Unterscheidung abhängig vom Umformgrad möglich.

Infolge des Elektropolierens können die Korngrenzen des Grundwerkstoffes im REM erkannt werden. Insbesondere hierdurch ist bei der Gegenüberstellung eine deutliche Differenzierung zwischen den polierten und elektropolierten Proben möglich (siehe *Abbildung 81* und *Abbildung 82*). Da die Oberfläche nach dem Elektropolieren ein sehr homogenes Bild aufweist, muss für die Fokussierung des Elektronenstrahls bei der gewählten Beschleunigungsspannung von 20 kV im REM auf lokale Verschmutzungen oder Artefakte zurückgegriffen werden. Eine solche ist exemplarisch in der Bildmitte von *Abbildung 82* zu erkennen.

Abbildung 82: Exemplarische Darstellung einer elektropolierten Oberfläche des Werkstoffes 1.4301/AISI 304 im lösungsgeglühten Ausgangszustand mit Verschmutzung in der Bildmitte um eine ausreichende Fokussierung bei der homogenen Oberfläche zu ermöglichen

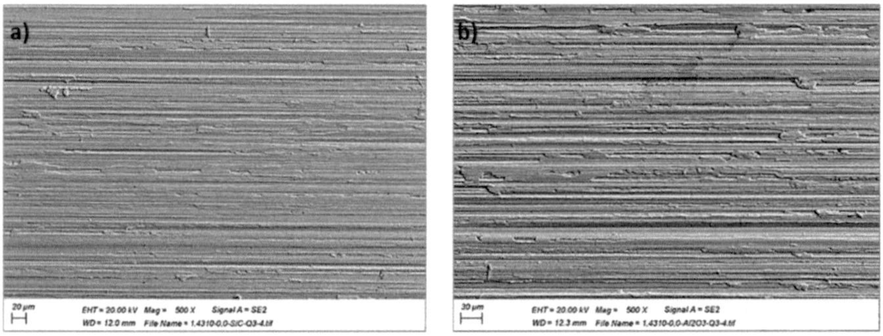

Abbildung 83: Gegenüberstellung der Oberflächentopografie anhand von REM-Aufnahmen industriell geschliffener Proben: a) mit SiC und b) mit Al_2O_3; des Werkstoffes 1.4310/AISI 301

Die exemplarische Gegenüberstellung einer mit SiC und einer mit Al_2O_3 geschliffenen Oberfläche in *Abbildung 83* lässt erkennen, dass die mit Al_2O_3 geschliffene Oberfläche eine stärkere Ausprägung der Schleifriefen aufweist und deren Verlauf häufiger durch Überlappung unterbrochen ist. Durchgeführte flächige EDX-Messungen zur möglichen Identifikation von Rückständen der jeweiligen Schleifwerkstoffe oder möglichen Rückständen des organischen Binders zeigten bei keiner der Oberflächen entsprechende Anzeichen. Auch die manuelle Auswertung der entsprechenden REM-Aufnahmen zeigt keinerlei erkennbare Schleifmittelrückstände an den geschliffenen Oberflächen.

Der direkte Vergleich der geschliffenen Oberflächen erlaubt dem Betrachter aber nur eine subjektive Zuordnung, welche infolge von lokalen Oberflächeneffekten, wie beispielsweise Mikrospalte (Vgl. *Abbildung 84*) wahrgenommen werden kann. Eine mögliche höhere Anzahl an Unterbrechungen der Schleifriefen durch überstehende Metallchips oder ähnliche Störrungen eines gleichmäßigen Schliffbildes können subjektiv nicht mit ausreichend hoher Genauigkeit bewertet werden.

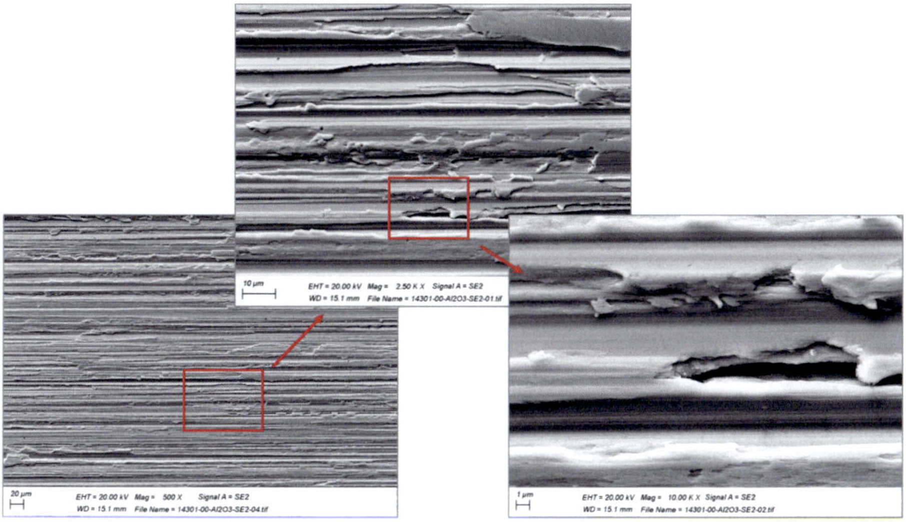

Abbildung 84: REM-Aufnahme einer mit Korund industriell geschliffenen Oberfläche des Werkstoffes 1.4301 mit Darstellung eines Mikrospalts in unterschiedlichen Vergrößerungen (von links nach rechts 500-, 2500-Fach und 10.000-Fach)

Wie anhand der exemplarisch ausgewählten REM-Aufnahmen in *Abbildung 85* zu erkennen, ist die Aussagekraft der REM-Aufnahme direkt abhängig von dem jeweiligen Messpunkt. Insbesondere bei über 500-facher Vergrößerungen besteht die Gefahr, dass einzelne Defekte oder Verschmutzungen fokussiert werden und somit bei Aufnahmen durch den Operateur des REM in Anzahl und Ausprägung überrepräsentiert vorliegen.

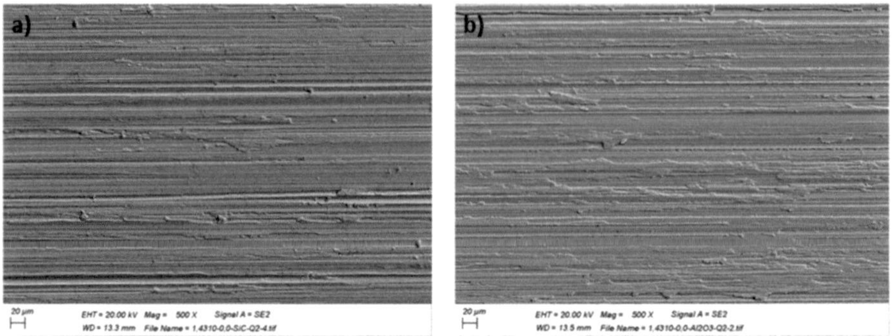

Abbildung 85: Exemplarische REM-Aufnahmen industriell geschliffener Proben: a) mit SiC und b) Al_2O_3; des Werkstoffes 1.4310/AISI 301

Aus diesem Grund wird der im Rahmen dieser Arbeit entwickelte Surface Imperfaction Value, kurz SIV, herangezogen. Je Oberflächentyp werden mindestens drei unterschiedliche Proben und hiervon jeweils mindestens 5 statistisch regellos verteilte Messpunkte auf der Oberfläche für Aufnahmen mit jeweils 500-facher Vergrößerung für die nachfolgende Auswertung angewendet. Die Auswahl der Messpunkte erfolgt dabei durch einen Zufallsgenerator, welcher bezogen auf den Mittelpunkt der Proben jeweils einen Wert von 0 bis 10 mm in positive oder negative Richtung der x- und der y-Achse vorgibt. Liegt eine Verschmutzung vor, welche nicht direkt auf die Oberflächenbearbeitung, sondern auf die Handhabung der Probe zurückgeführt werden kann, wird diese Aufnahme nicht für die weitere Auswertung herangezogen. Zur Differenzierung, ob es sich beispielsweise um Rückstände von Schleifpartikeln oder um Verschmutzungen (Bsp. Staub oder Fasern) bei der Handhabung der Proben handelt, wird das am REM angeschlossene EDX-System angewendet. Somit kann sichergestellt werden, dass mindestens drei der Aufnahmen für die weitere Bildverarbeitung verwertbar sind. Damit ergeben sich je Oberflächenzustand mindestens 9 Einzelaufnahmen, an welchen die in Abschnitt 0 beschriebene Bildverarbeitung eine Auswertung durchgeführt wird.

Der in *Abbildung 86* dargestellte SIV lässt einen systematischen Unterschied in Abhängigkeit von dem jeweiligen Bearbeitungsverfahrens erkennen. Deutlich ausgeprägt ist dieser Effekt im direkten Vergleich zwischen den geschliffenen Oberflächen und den elektropolierten bzw. polierten Oberflächen. Eine weitere Systematik ergibt sich auch durch den

Umformgrad, welcher in Übereinstimmung mit den in Abschnitt 2.2.5 aufgeführten Systematik zur ermittelten Korrosionsbeständigkeit bei den im Labormaßstab bearbeiteten Proben steht.

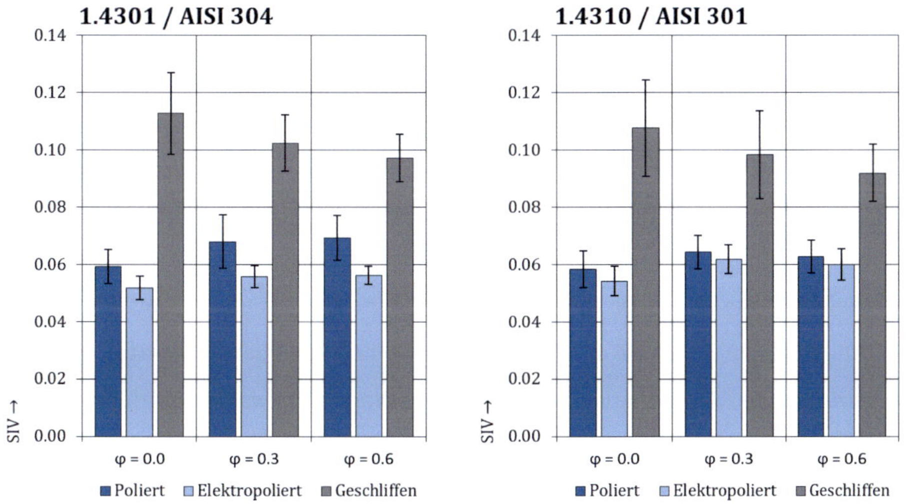

Abbildung 86: SIV für die unterschiedlichen im Labormaßstab erzeugten Oberflächen in Abhängigkeit von den unterschiedlichen Umformgraden des Ausgangswerkstoffes

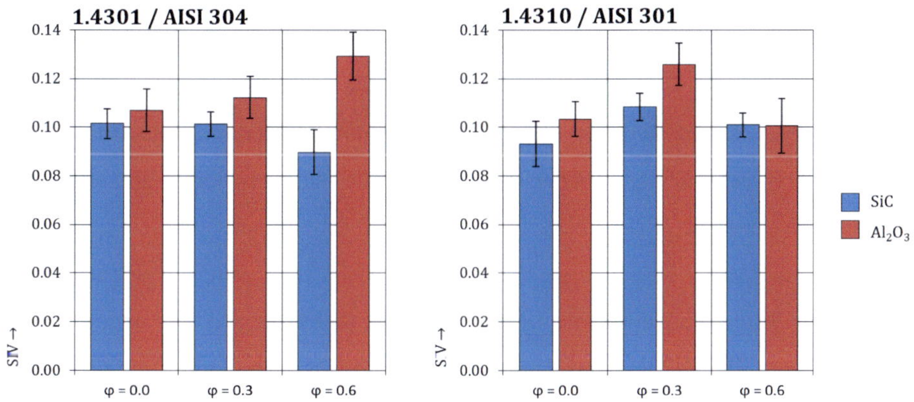

Abbildung 87: SIV für maschinell geschliffene Oberflächen mit SiC (Rot) und Al_2O_3 (Blau) für die Werkstoffe 1.4301/AISI 304 (Links) und 1.4310/AISI 301 (Rechts) mit jeweils unterschiedlichem Umformgrad des Ausgangswerkstoffes

Für die maschinell geschliffenen Oberflächen in *Abbildung 87* ist zu erkennen, dass die mit Al_2O_3 geschliffenen Oberflächen im Durchschnitt einen höheren SIV aufweisen als die mit SiC geschliffenen Oberflächen.

5.6.2 Oberflächentopografie

5.6.2.1 Messungen an labortechnisch bearbeiteten Oberflächen

Die mittels taktiler Messung ermittelten Rauheitswerte sind in *Abbildung 88* und *Abbildung 89* anhand des arithmetischen Mittelrauwertes R_a für die unterschiedlichen Umformgrade dargestellt. Andere in der Literatur übliche und genormte Rauheitswerte, wie beispielsweise die gemittelte Rauhtiefe R_z, die maximale Rauhtiefe R_{max} und die mittlere Glättungstiefe, folgen für die untersuchten Oberflächen derselben Systematik und lassen keine zusätzliche Differenzierung zu, sodass diese Werte nicht weiter aufgeführt werden. Die dargestellten Messwerte ergeben sich aus jeweils 15 Einzelmessungen an jeweils 5 unterschiedlichen Probekörpern.

Die im Labor mittels Schleifen erzeugten Oberflächen weisen für beide untersuchten Stähle jeweils den höchste arithmetische Mittelwert R_a auf. Die niedrigsten Werte zeigen die elektropolierten Proben Die R_a-Werte der mechanisch polierten Proben liegen dazwischen. Die vorliegende Größenordnung der einzelnen Rauheitswerte für diese Proben entsprechen denen der im Merkblatt 984, der „Informationsstelle Edelstahl Rostfrei“ für die angewendeten Bearbeitungsverfahren [ISER984]. Während die polierten und elektropolierten Oberflächen nur einen geringen Einfluss des Umformgrades auf die erzielte Rauheit erkennen lassen, weist die geschliffene Oberfläche eine deutliche Reduktion der gemessenen Rauheit bei erhöhtem Umformgrad auf. Gleichzeitig ist eine Reduktion der Schwankungsbreite der Messwerte anhand der dargestellten Standardabweichung zu erkennen (Vgl. *Abbildung 88* und *Abbildung 89*).

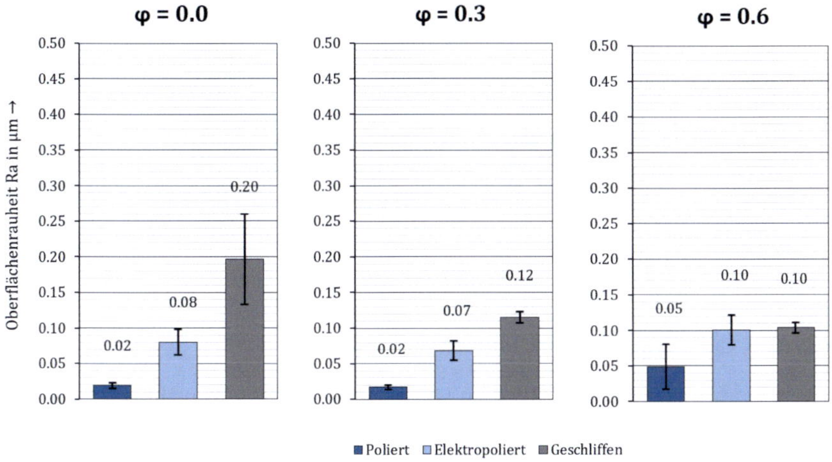

Abbildung 88: Arithmetischer Mittenrauwert R_a für labortechnisch präparierte Oberflächen: poliert, elektropoliert und geschliffen (Nassschliff, SiC, Körnung 1200) des Werkstoffes 1.4301/AISI 304 mit unterschiedlichen Umformgraden

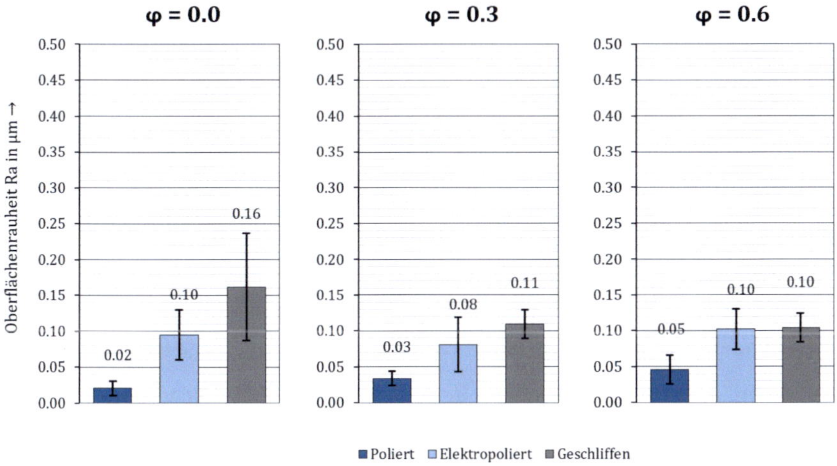

Abbildung 89: Arithmetischer Mittenrauwert R_a für labortechnisch präparierte Oberflächen: poliert, elektropoliert und geschliffen (Nassschliff, SiC, Körnung 1200) des Werkstoffes 1.4310/AISI 301 mit unterschiedlichen Umformgraden

Die im Labormaßstab erzeugten Proben zeigen, mit Ausnahme des Einflusses des jeweiligen Umformgrades des Ausgangsmaterials, eine hohe Reproduzierbarkeit der jeweiligen Rauheit. Eine Unterscheidung zwischen den beiden Grundwerkstoffen ist anhand des erzeugten Schliffbildes oder der erzielten Oberflächenrauheit bei diesen Oberflächen nicht möglich.

5.6.2.2 Messungen an industriell geschliffenen Oberflächen

Die ermittelten Messwerte im Rahmen der Charakterisierung der Probenoberfläche nach den industriellen Flachschliffen weisen auf einen deutlichen Einfluss des angewendeten Schleifkorns hin. Für beide Stähle zeigt sich eine signifikant höhere Oberflächenrauheit für die mit Al_2O_3 geschliffenen Oberflächen. Dieser Effekt wird durch eine vorangegangene Kaltverformung verstärkt (siehe *Abbildung 90* und *Abbildung 91*).

Eine weitere signifikante Zunahme der Rauheit bei den mit Al_2O_3 geschliffenen Oberflächen vom Umformgrad $\varphi = 0{,}3$ hin zum Umformgrad $\varphi = 0{,}6$ ist nicht festzustellen. Die mit SiC geschliffenen Oberflächen weisen im Gegensatz hierzu auf einen geringeren bis keinen Einfluss des Umformgrades bei diesem Abrasivstoff hin.

Für die geschliffenen Proben, welche vor deren Oberflächenbearbeitung keinem Kaltwalzvorgang unterworfen werden, zeigt sich ein geringerer aber ebenfalls systematischer Einfluss des angewendeten Schleifkorns. Die mit Al_2O_3 geschliffenen Oberflächen weisen bei beiden Stählen auch im nicht kaltverformten Zustand schon einen geringfügig höheren arithmetischen Mittelrauwert R_a auf. Hierzu zeigen *Abbildung 90* und *Abbildung 91*, dass dieser Unterschied zwischen den mit SiC und mit Al_2O_3 geschliffenen Oberfläche mit steigendem Umformgrad deutlich zunimmt. Optisch ermittelte Oberflächenrauheit

Mit der optischen Erfassung der Oberflächentopografie ist eine deutlich größere Messfläche bzw. eine höhere Anzahl von einzelnen Linienprofilen im Vergleich zur taktilen Messung verbunden. Bei dem eingesetzten Verfahren wird die Oberflächentopografie infolge von Fokusvariation ermittelt, woraus ein erheblicher Zeitaufwand für die Anzahl der Einzelmessungen resultiert [Whi92].

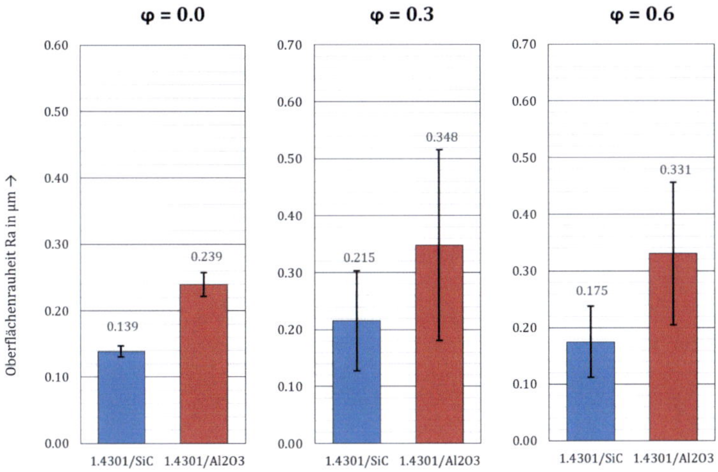

Abbildung 90: Gegenüberstellung des erzielten arithmetischen Mittenrauwertes R_a für industriellen Flachschliff mittels SiC-Schleifkorn in Blau und mittels Al_2O_3 in Rot, bei unterschiedlichem Umformgrad (von links nach rechts φ = 0; φ = 0,3; φ = 0,6) des Ausgangsmaterials für den Werkstoff 1.4301/AISI 304

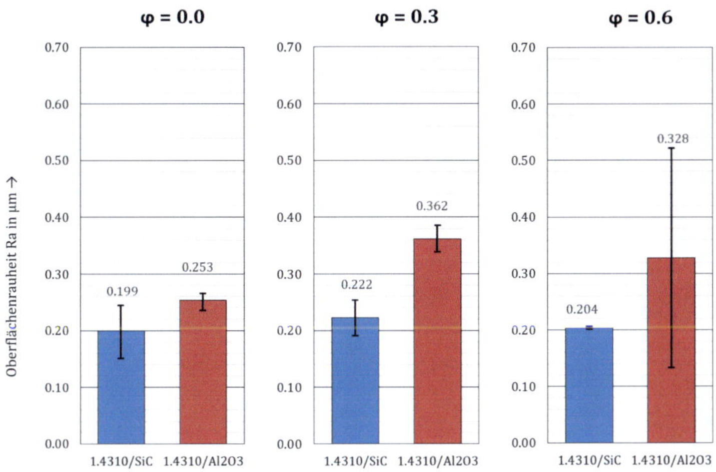

Abbildung 91: Gegenüberstellung des erzielten arithmetischen Mittenrauwertes R_a für industriellen Flachschliff mittels SiC-Schleifkorn in Blau und mittels Al_2O_3 in Rot, bei unterschiedlichem Umformgrad (von links nach rechts φ = 0; φ = 0,3; φ = 0,6) des Ausgangsmaterials für den Werkstoff 1.4301/AISI 304

Wie schon bei der taktilen Vermessung der Oberfläche zeigt sich bei den im Labor erzeugten Oberflächen, dargestellt in *Abbildung 92* und *Abbildung 93*, ein eindeutiger Unterschied zwischen den geschliffenen Oberflächen auf der einen Seite und den polierten bzw. elektropolierten Oberflächen auf der anderen Seite. Der steigende Umformgrad führt bei den geschliffenen Oberflächen zu einer geringfügigen Reduktion des gemessenen Mittelwertes von S_a, aber auch zu einer Reduktion der Streuung der Messwerte. Ein entsprechender Einfluss bei den polierten und elektropolierten Oberflächen ist nicht festzustellen.

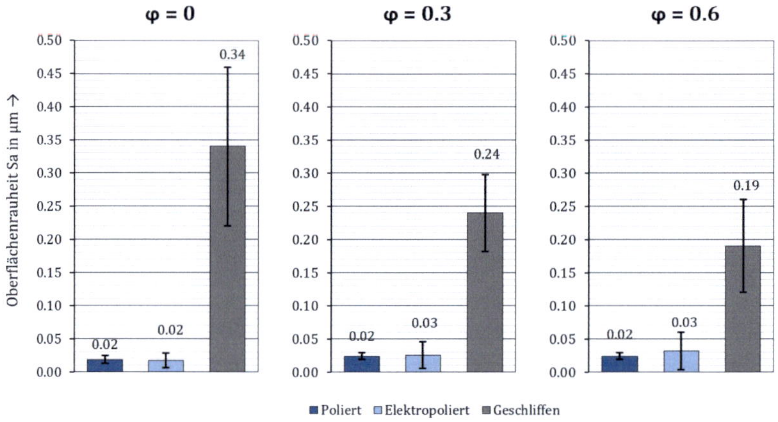

Abbildung 92: Gemittelte Rauheitswerte Sa nach DIN EN ISO 25178 für labortechnisch erzeugte Oberflächen des Werkstoffes 1.4301/AISI 304 mit unterschiedlichen Umformgraden φ des Ausgangsmaterials

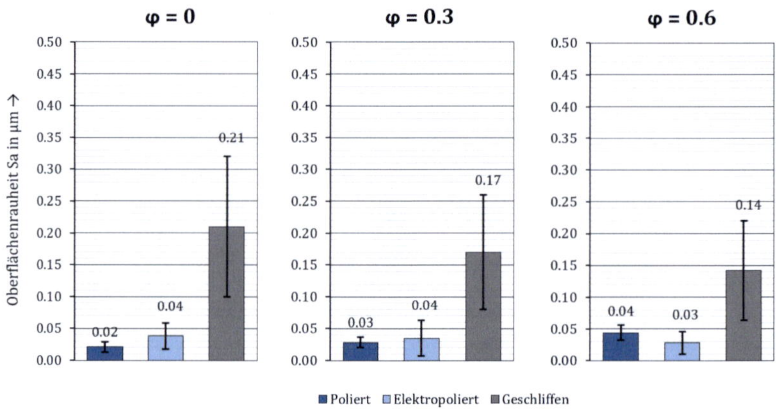

Abbildung 93: Gemittelte Rauheitswerte Sa nach DIN EN ISO 25178 für labortechnisch erzeugte Oberflächen des Werkstoffes 1.4310/AISI 301 mit unterschiedlichen Umformgraden φ des Ausgangsmaterials

Die im Labor präparierten Oberflächen lassen schon bei taktiler Messung eine eindeutige Differenzierung zwischen den geschliffenen und den polierten bzw. elektropolierten Oberflächen zu. Durch die optische Messung ist auch bei den industriell geschliffenen Proben eine verstärkte Differenzierung zwischen den unterschiedlichen Oberflächenausführungen möglich. Wie schon anhand der REM-Aufnahmen exemplarisch dargestellt, weist auch die Gegenüberstellung der Oberflächentopografie in farbkodierter Darstellung (siehe *Abbildung 94*) auf fertigungsbedingte Unterschiede hin.

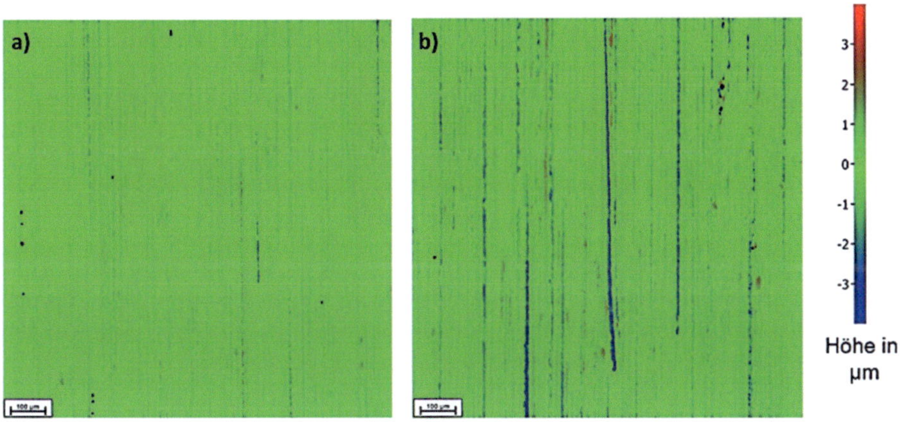

Abbildung 94: Farbkodierte Darstellung des aufgenommenen Höhenprofils mittels Fokusvariation zur Messung der Flächenrauheitswerte an industriell geschliffenen Oberflächen des Werkstoffes 1.4310/AIS 301: a) geschliffen mit SiC, b) geschliffen mit Al_2O_3

Die nachfolgenden Werte (*Abbildung 95* und *Abbildung 96)* für S_a weisen im direkten Vergleich zu den oben aufgeführten taktil erfassten Messwerten für die mit Al_2O_3 geschliffenen Oberflächen deutlich höhere Unterschiede auf. Für die optische Charakterisierung werden je Oberflächenzustand mindestens drei Proben, bei der oben aufgeführten taktilen Messung jeweils mindestens 15 Einzelmessungen herangezogen. Dennoch werden mit der taktilen Linienmessung deutlich weniger lokale Unregelmäßigkeiten erfasst. Durch die optische Vermessung der Probenoberfläche bei der Erfassung der Flächenrauheitswerte hingegen, liegt der Berechnung der Rauheitswerte eine deutlich größere Datenmenge zu Grunde.

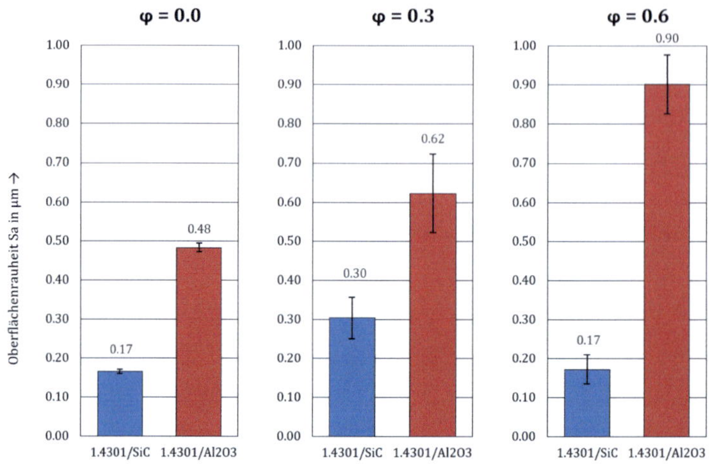

Abbildung 95: Gemittelte Rauheitswerte Sa nach DIN EN ISO 25178 für industriell geschliffene Oberflächen des Werkstoffes 1.4301/AISI 304 mit unterschiedlichen Umformgraden φ des Ausgangsmaterials; jeweils blau geschliffen mit Siliziumkarbid und rot geschliffen mit Korund

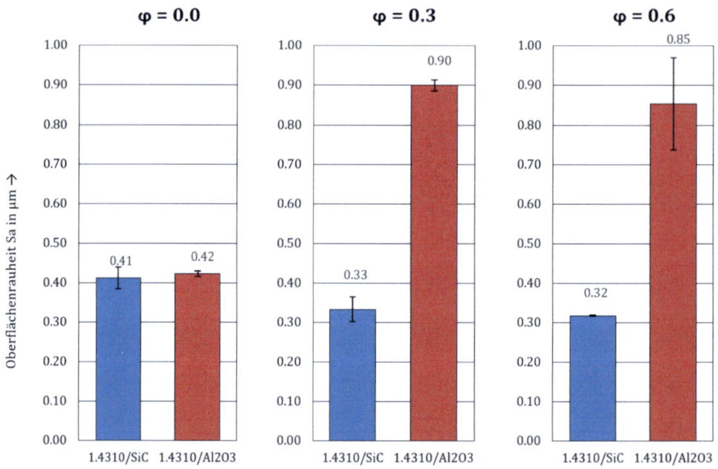

Abbildung 96: Gemittelte Rauheitswerte Sa nach DIN EN ISO 25178 für industriell geschliffene Oberflächen des Werkstoffes 1.4310/AISI 301 mit unterschiedlichen Umformgraden φ des Ausgangsmaterials; jeweils blau geschliffen mit Siliziumkarbid und rot geschliffen mit Korund

Die in *Abbildung 95* für den Werkstoff 1.4301/AISI 304 und in *Abbildung 96* für den Werkstoff 1.4310/AISI 301 dargestellten Messwerte der mittleren arithmetischen Höhe S_a zeigen wie schon bei der taktilen Rauheitsmessung, dass die mit Al_2O_3-geschliffenen Oberflächen allgemein und insbesondere bei kaltverformten Ausgangsmaterial zu höherer Rauheit tendieren als die mit SiC-geschliffenen Oberflächen. Im Vergleich zu der taktilen Messung zeigt sich, dass die Streuung der Messwerte sowohl relativ als auch absolut durch die optische Messung reduziert werden konnte.

Durch das Einbeziehen der funktionsorientierten Kenngrößen S_k, S_{vk} und S_{pk} soll das Beschreiben der Oberflächentopografie durch Berücksichtigung der Verteilung von Kuppen und Riefen ermöglicht werden. Auch hier zeigen sich deutliche Unterschiede in Abhängigkeit vom eingesetzten Schleifkornwerkstoff. Für die beiden Grundwerkstoffe 1.4301/AISI 304 in *Abbildung 97* und 1.4310/AISI 301 in *Abbildung 98* wird eine erhebliche Zunahme der gemessenen Rauheit für die mit Korund geschliffenen Oberflächen bei steigendem Umformgrad des Ausgangsmaterials festgestellt.

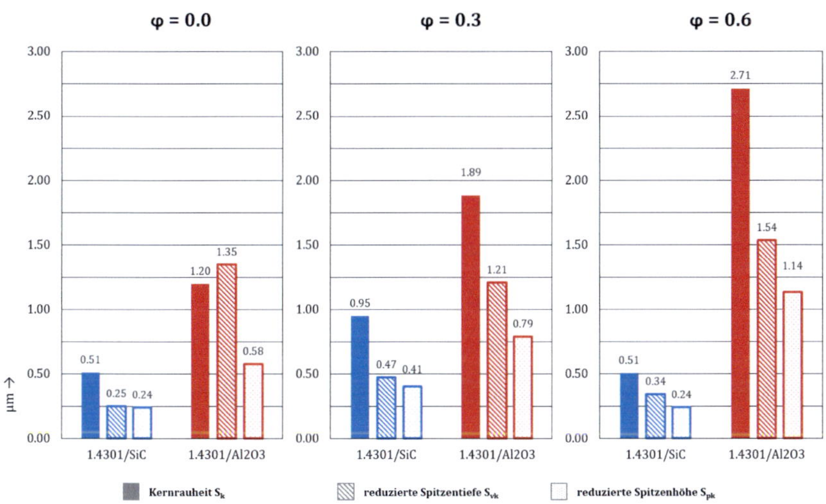

Abbildung 97: Gegenüberstellung der Kenngrößen S_k, S_{vk} und S_{pk}, ermittelt durch optischer Oberflächenvermessung für den Werkstoff 1.4301/AISI 304 mit unterschiedlichen Umformgraden φ des Ausgangsmaterials; jeweils blau geschliffen mit Siliziumkarbid und rot geschliffen mit Korund

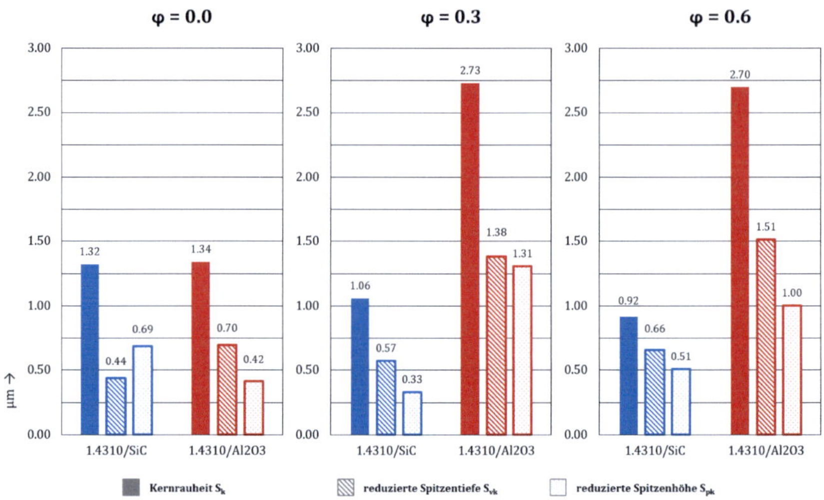

Abbildung 98: Gegenüberstellung der Kenngrößen S_k, S_{vk} und S_{pk}, ermittelt durch optischer Oberflächenvermessung für den Werkstoff 1.4310/AISI 301 mit unterschiedlichen Umformgraden φ des Ausgangsmaterials; jeweils blau geschliffen mit Siliziumkarbid und rot geschliffen mit Korund

Die nachfolgende Darstellung der Abbott-Firestone-Kurve auf Grundlage der erfassten Messwerte zeigt, dass am Beispiel des Grundwerkstoffes 1.4301/AISI 304 für mit SiC geschliffene Oberflächen eine Differenzierung anhand der Oberflächentopografie in Abhängigkeit vom vorliegenden Umformgrad nicht möglich erscheint (siehe *Abbildung 99*). Die dargestellten Kurven zeigen, dass die Verteilung der Messwerte für die mit SiC geschliffenen Oberflächen nahezu identisch ist, sodass sich somit kein erkennbarer Einfluss des Umformgrades ableiten lässt. Der Kurvenverlauf für die mit SiC geschliffenen Oberflächen für die unterschiedlichen Umformgrade ist nahezu deckungsgleich. Im Gegensatz hierzu zeigen die einzelnen Verläufe der Abbott-Firestone-Kurve für mit Al_2O_3 bearbeitetes Blech in *Abbildung 98* eine systematische Veränderung des Kurvenverlaufs in Abhängigkeit vom Umformgrad. Mit steigendem Umformgrad ist eine Erhöhung der Steigung der Abbot-Firestone-Kurve festzustellen. Dies weist auf eine ungleichmäßigere Oberflächentopografie und eine stärkere Streuung der Schnitttiefe hin.

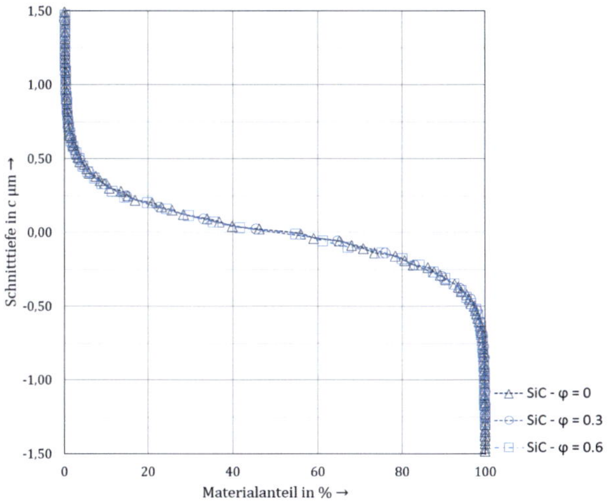

Abbildung 99: Abbott-Firestone-Kurve als exemplarische Gegenüberstellung von Proben des Werkstoffes 1.4301/AISI 304, geschliffen mit SiC und unterschiedlichem Umformgrad φ

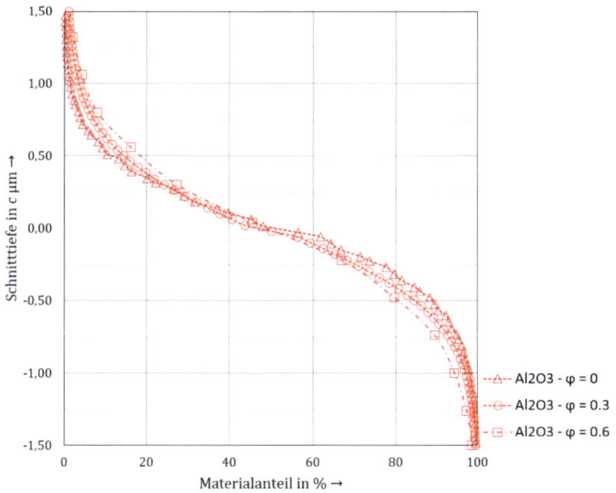

Abbildung 100: Abbott-Firestone-Kurve als exemplarische Gegenüberstellung von Proben des Werkstoffes 1.4301/AISI 304, geschliffen mit Al_2O_3 und unterschiedlichem Umformgrad φ

5.6.3 Oberflächencharakterisierung nach elektrochemischen Messungen

Im Rahmen der Bestimmung des kritischen Lochfraßpotentials bis zu einer Stromdichtegrenze von 0,1 mA/cm² zeigen sich bereits erste Lochbildungen. Bezüglich der durchgeführten Oberflächenbearbeitung sind unterschiedliche Charakteristika festzustellen.

Da eine ortsgenaue Detektion der Ausgangspunkte für das stabile Lochwachstum mit den gewählten Versuchsmethoden während der elektrochemischen Messung nicht möglich ist, erfolgt nach der Durchführung der elektrochemischen Korrosionsversuche eine Charakterisierung der Oberflächen mittels eines optischen Digitalmikroskops. Dabei zeigt sich, dass bei einer gewählten Grenzstromdichte von 0,1 A/m² für die potentiodynamischen Versuche bei maschinell geschliffenen Oberflächen eine signifikant geringere Anzahl an Lochkorrosionsstellen vorliegt, als bei den im Labormaßstab hergestellten Oberflächenausführungen (Poliert, elektropoliert und metallografischer Schliff). Mit einzelnen Ausnahmen weisen alle untersuchten Proben ausgeprägte Lochkorrosion auf. Bei elektropolierten Proben sowie bei den polierten bzw. händisch geschliffenen Oberflächen ist eine deutliche Neigung zu mehreren Löchern anhand *Abbildung 101* und *Abbildung 102*. Dieser Effekt zeigt weniger eine Abhängigkeit von der chemischen Zusammensetzung des Stahls als von dessen Umformgrad vor der erfolgten Oberflächenbearbeitung.

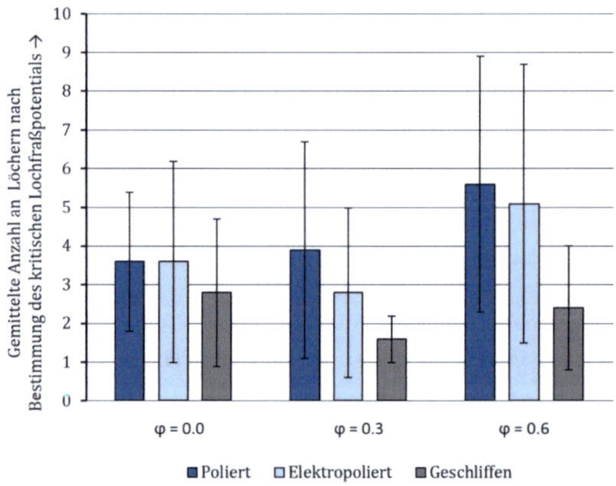

Abbildung 101: Gemittelte Anzahl an identifizierten Löchern in Abhängigkeit vom Umformgrad und der angewendeten Oberflächenbehandlung im Labormaßstab des Grundwerkstoffes 1.4301/AISI 304

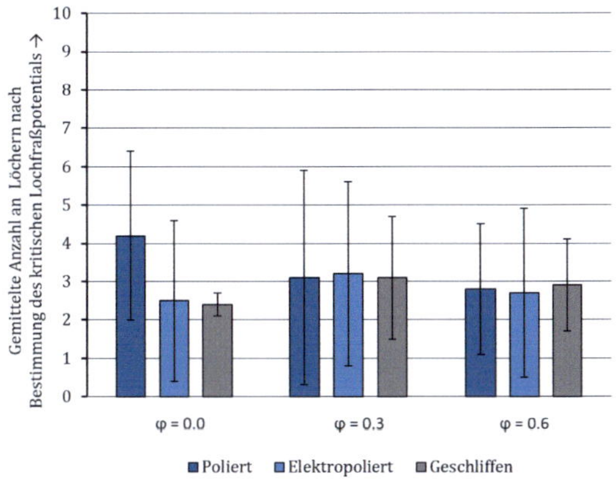

Abbildung 102: Gemittelte Anzahl an identifizierten Löchern in Abhängigkeit vom Umformgrad und der angewendeten Oberflächenbehandlung im Labormaßstab des Grundwerkstoffes 1.4310/AISI 301

Für die maschinell geschliffenen Oberflächen ist bei einzelnen, mit Korund geschliffenen Proben bei erhöhtem Umformgrad das Auftreten von mehr Löchern als bei den mit SiC geschliffenen Proben festzustellen. Dies gilt für beide Grundwerkstoffe (siehe *Abbildung 103* und *Abbildung 104)*.

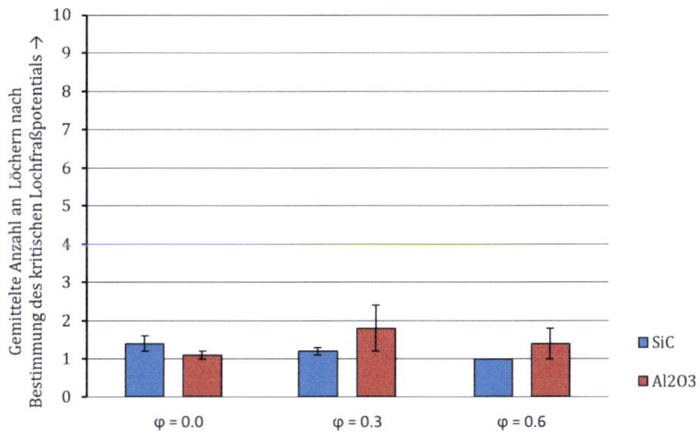

Abbildung 103: Gemittelte Anzahl an identifizierten Löchern abhängig vom Umformgrad und des eingesetzten Kornwerkstoffes - Maschinell geschliffene Oberflächen des Grundwerkstoffes 1.4301/AISI 304

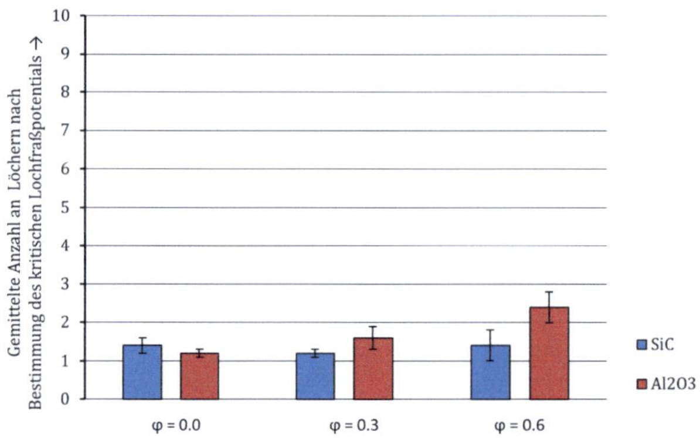

Abbildung 104: Gemittelte Anzahl an identifizierten Löchern in Abhängigkeit vom Umformgrad und dem eingesetzten Kornwerkstoffes - Maschinell geschliffene Oberflächen des Grundwerkstoffes 1.4310/AISI 301

Bei den industriell geschliffenen Oberflächen weisen die bei den potentiodynamischen Korrosionsuntersuchungen entstehenden Löcher erkennbare Unterschiede je nach verwendeten Schleifkornwerkstoffen auf. Die geometrische Ausprägung der Lochkorrosion an der Oberfläche der untersuchten Proben weist für die mit Siliziumkarbid geschliffenen Oberflächen eher eine kreisrunde Form auf, während die mit Korund geschliffenen Oberflächen eine längliche, elliptische oder verzerrte Form mit Ausrichtung in Bearbeitungsrichtung zeigen (Vgl. *Abbildung 105*).

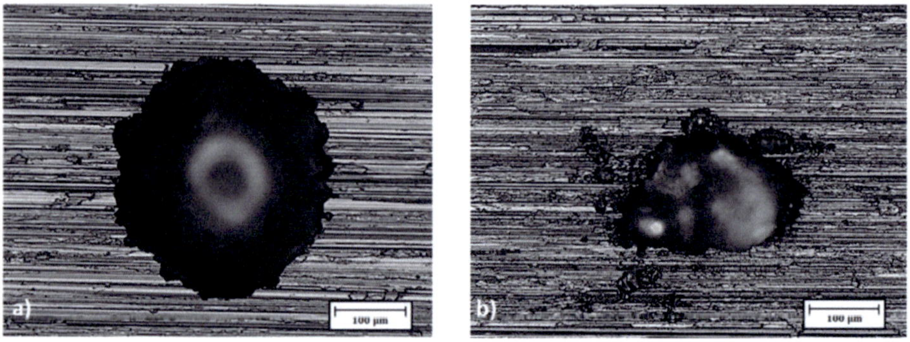

Abbildung 105: Exemplarische Gegenüberstellung der geometrischen Ausprägung des Lochfraßes am Beispiel des Werkstoffs 1.4310/AISI 301: a) mit Siliziumkarbid geschliffen und b) mit Korund geschliffen

Eine Beschreibung der unterschiedlichen geometrischen Ausprägung der vorliegenden Löcher erfolgt unter Berechnung der Exzentrizität einer idealisierten Ellipse, welche sich aus der maximalen Längsausdehnung (entlang der Schleif- bzw. Walzrichtung) und maximaler Querausdehnung des vorliegenden Korrosionsangriffes ergibt. Nachfolgende *Gleichung (16)* beschreibt eine Ellipse unter Zuhilfenahme des Parameters ε_{geo}, welcher die Abweichung der Ellipse von der Kreisform beschreibt.

$$x^2\left({\varepsilon_{geo}}^2 - 1\right) + 2px - y^2 = 0 \tag{16}$$

Der Parameter ε_{geo} definiert sich dabei über den Abstand des Brennpunktes zum Mittelpunkt und der halben Längsausdehnung der Ellipse wie in *Gleichung (17)* aufgeführt.

$$\varepsilon_{geo} = \frac{e}{a} \tag{17}$$

Hieraus ergibt sich für Ellipsen nachfolgende *Gleichung (18)* zur Berechnung der Exzentrizität.

$$\varepsilon_{geo} = \sqrt{1 \mp \frac{b^2}{a^2}} \neq 1 \tag{18}$$

Die Ergebnisse dieser Betrachtung zeigen einen Einfluss der angewendeten Oberflächenbearbeitung auf die sich einstellende Exzentrizität der sich bildenden Löcher infolge der Bestimmung des CPP auf. An den industriell geschliffenen Proben zeigt sich, dass die Verwendung von Al_2O_3 als Schleifwerkstoff im Vergleich zum SiC zu einer deutlichen Erhöhung der Exzentrizität der entstehenden Löcher führt (*Abbildung 107* und *Abbildung 108*).

Neben der Ermittlung der idealisierten Lochgeometrie anhand der maximalen Ausdehnung in Längs- und Querrichtung, bezogen auf die Bearbeitungsrichtung bzw. die Walzrichtung des Probenmaterials, erfolgt mittels optischer Digitalmikroskopie die Bestimmung der erkennbaren Lochtiefe, exemplarisch in *Abbildung 106* dargestellt. Von der Berechnung des Lochvolumens wird bewusst Abstand genommen, da aufgrund der Lochgeometrie infolge von Lochfraß kein direkter Rückschluss auf das darunterliegende freigelegte Volumen möglich ist [Mon19].

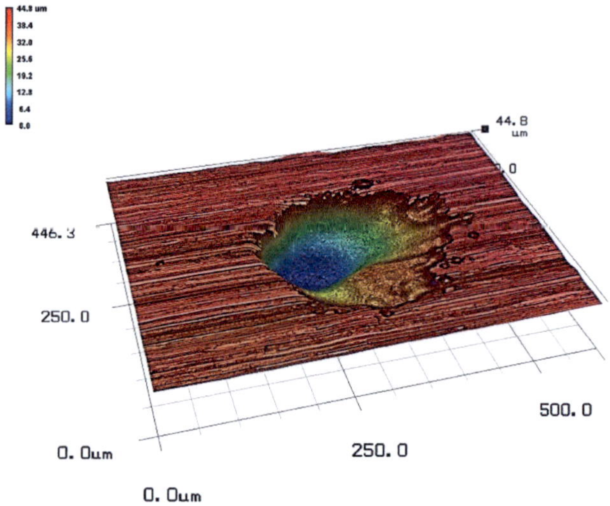

Abbildung 106: Exemplarische Darstellung der mittels 3D-Digitalmikroskop ausgewerteten Lochmorphologie mit länglicher Ausprägung einer potentiodynamisch untersuchten Probe des Werkstoffes 1.4310/AISI 301, maschinell geschliffen mit Al_2O_3

Die dargestellte Exzentrizität des aufgetretenen Lochfraßes für die unterschiedlichen Oberflächenausführungen (siehe *Abbildung 107* bis *Abbildung 110*) wird dabei jeweils aus den einzelnen Löchern ermittelt. Mit einzelnen Ausnahmen liegt bei den untersuchten Löchern die Hauptachse der idealisierten Ellipse, also die maximale Längsausprägung der Exzentrizität, in Walz- und somit auch Schleifrichtung der Proben vor. Bei den Ausnahmen handelte es sich um einzelne Löcher, welche eine berechnete Exzentrizität von ≤ 0,25 aufweisen.

Trotz der deutlich geringeren Anzahl der Löcher bei den im Labor erzeugten Oberflächenausführungen (siehe *Abbildung 107* und *Abbildung 108*) sind die Schwankungen der Exzentrizität dort vergleichsweise als eher gering einzustufen. Die Unterschiede in Abhängigkeit vom Umformgrad, Grundwerkstoff oder vom Verfahren zur Oberflächenbearbeitung sind dort deutlich kleiner.

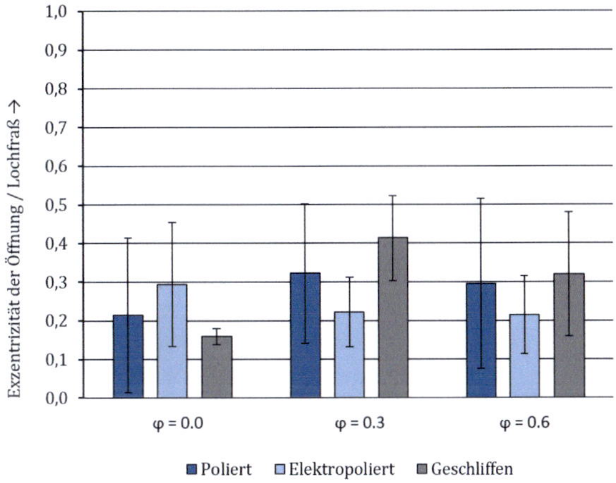

Abbildung 107: Gemittelte Exzentrizität der erfassten Löcher für labortechnisch erzeugte Oberflächenausführung/Werkstoff 1.4301/AISI 304

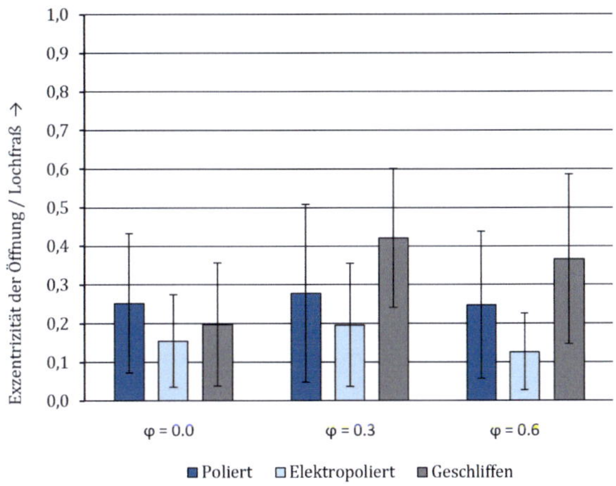

Abbildung 108: Gemittelte Exzentrizität der erfassten Löcher für labortechnisch erzeugte Oberflächenausführung/Werkstoff 1.4310/AISI 301

Der Vergleich der im Labormaßstab erzeugten mit den maschinell bearbeiteten Oberflächen zeigt tendenziell eine höhere Exzentrizität für die maschinell erzeugten Oberflächen. Besonders deutlich ausgeprägt ist der Unterschied zwischen den angewendeten Kornwerkstoffen. Dies trifft sowohl für den Werkstoff 1.4301/AISI 304 (siehe *Abbildung 109*) als auch den Werkstoff 1.4310/AISI 301 (siehe *Abbildung 110*) zu. Die mit SiC bearbeiteten Oberflächen weisen vergleichbare Werte zu den im Labormaßstab erzeugten Oberflächen auf. Im Gegensatz dazu führt die Bearbeitung mit Al_2O_3 zu einer deutlich unterschiedlichen

Ausprägung der durch den korrosiven Angriff erzeugten Löchern, welche deutlich in Walz- und Schleifrichtung orientiert sind (siehe *Abbildung 105*).

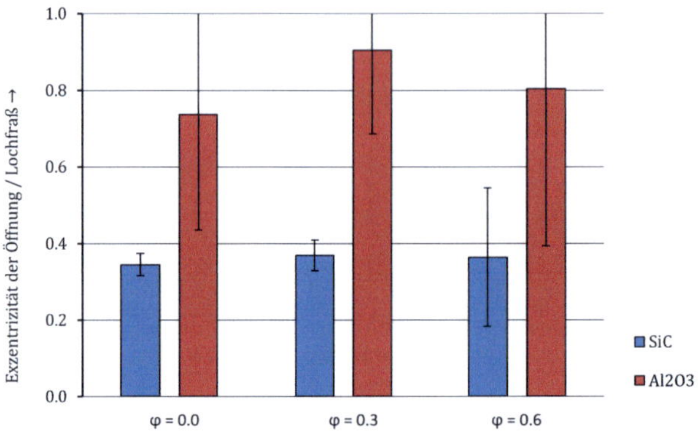

Abbildung 109: Gemittelte Exzentrizität der erfassten Löcher für maschinell geschliffene Oberflächen/Werkstoff 1.4301/AISI 304

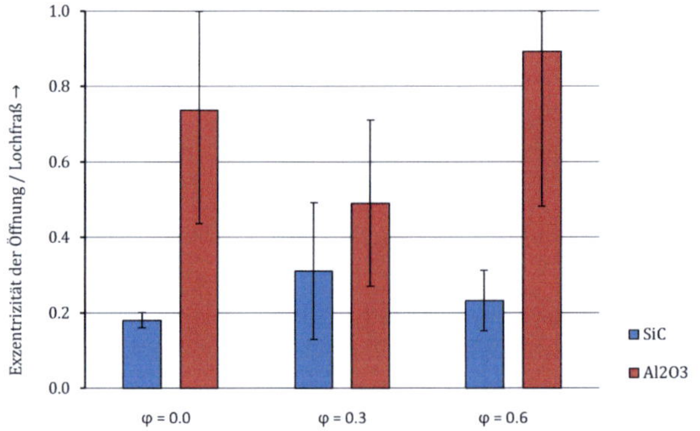

Abbildung 110: Gemittelte Exzentrizität der erfassten Löcher für maschinell geschliffene Oberflächen/Werkstoff 1.4310/AISI 301

Die aufgeführten Fehlerbalken, welche die Standardabweichung repräsentieren, werden nur bis zu einer idealisierten Exzentrizität von 1 dargestellt. Gemäß *Gleichung (18)* ist ein höherer Wert nicht möglich, selbst wenn x >> y zutrifft.

6 Auswertung und Diskussion

Die vorliegenden Ergebnisse bestätigen anhand der für die Untersuchung eingesetzten Werkstoffe, dass trotz unterschiedlicher chemischer Zusammensetzung im idealisierten Ausgangszustand eine vergleichbare Korrosionsbeständigkeit vorliegt. Gleichzeitig weisen beide Werkstoffe eine unterschiedliche Austenitstabilität und voneinander abweichende mechanische Eigenschaften auf.

Dabei ist deutlich zu erkennen, dass es sich sowohl bei der erzielten Korrosionsbeständigkeit als auch bei der erzeugten Oberflächentopografie infolge der schleiftechnischen Bearbeitung um Systemeigenschaften handelt. Hierzu zeigen die variierten Parameter einen teils gegenläufigen Einfluss auf die Oberflächentopografie und die Beständigkeit gegenüber Korrosion. In der nachfolgenden Diskussion erfolgen der Vergleich und die Gegenüberstellung der über achtzig unterschiedlichen Parametersätzen.

6.1 Einfluss auf die mechanischen Eigenschaften

Der Einfluss der unterschiedlichen Umformgrade auf die erzielten mechanischen Eigenschaften ist bei beiden metastabilen austenitischen Werkstoffen zu erkennen. Trotz des Unterschiedes in der Austenitstabilität der beiden Werkstoffe zeigt der sigmoidförmige Verlauf des α'-Martensitgehaltes über den Umformgrad in *Abbildung 70* für beide Werkstoffe, dass beim Umformgrad $\varphi = 0{,}6$ sich eine Sättigung der $\gamma \rightarrow \alpha'$-Umwandlung einstellt. Die allgemeine Härtezunahme kann somit teilweise auf die stattfindenden Verfestigungsmechanismen der Kaltverfestigung zurückgeführt werden, was sich mit den Ergebnissen von Eckstein [Eck90] deckt. Die Legierungslage des Werkstoffs 1.4310/AISI 301 führt nicht nur zu einem höheren α'-Martensitgehalt, sondern auch infolge des dreifachen Kohlenstoffgehalts zu einer höheren Härte der krz-Phase. Darüber hinaus dürfte die Mischkristallverfestigung infolge hoher Legierungsanteile an Kohlenstoff auch dazu beitragen, dass beide Stähle den Sättigungszustand der Phasenumwandlung bei einem vergleichbaren Umformgrad erreichen (siehe *Abbildung 70*), was bereits durch Seemann ausgeführt wurde [See14].

Die durchgeführten Oberflächenbearbeitungen zeigen keinen signifikanten Einfluss auf die vorliegenden Härtewerte. Im Querschliff erfordern die Messungen der Härte nach DIN EN ISO 65071 HV0.1 einen ausreichenden Abstand von der Bauteiloberfläche. Angesichts der vorliegenden Härtewerte liegen hierbei Härteeindrücke mit einer Diagonalen von bis zu 25 µm vor. Die Messwerte in *Abbildung 75* und *Abbildung 76* zeigen dabei einen entsprechenden Abfall der Härte im Randbereich des Probenquerschliffs, was infolge des systematischen Auftretens dieser Reduktion im Randbereich auf einen zu geringen Randabstand zurückgeführt werden kann. Somit ist ein Rückschluss auf eine mögliche Beeinflussung der Härte infolge der schleiftechnischen Bearbeitung nicht möglich.

Korrelierend zu den Messwerten der Härte, zeigen auch die durchgeführten Zugversuche einen Einfluss der Kaltumformung. Die erzielte Zugfestigkeit über den Umformgrad entspricht dem erwarteten Verlauf gemäß der Literatur [Bar09, DEW14301, DEW14310], wobei sich für den Werkstoff 1.4310/AISI 301 mit steigendem α'-Phasenanteil für den Umformgrad $\varphi = 0{,}6$ noch ein entsprechend deutlicher Anstieg der Zugfestigkeit abzeichnet (siehe *Abbildung 111*). Für den Werkstoff 1.4310/AISI 301 ist die Sättigung infolge der Kaltumformung bei einem Umformgrad von $\varphi = 0{,}6$ nahezu abgeschlossen. Für den Werkstoff 1.4301/AISI304 deutet sich dieser Effekt bei $\varphi = 0{,}65$ zwar an, ist jedoch nicht vollständig erreicht, sodass bei einer weiteren Kaltumformung immer noch weiterer α'-Martensit gebildet werden kann. Auch wenn beide Werkstoffe anhand *Abbildung 111* einen vergleichbaren Verlauf der erreichten Zugfestigkeit in Abhängigkeit von dem vorliegenden α'-Phasenanteils zeigen, bleibt der Unterschied der erreichbaren Festigkeit zwischen den Werkstoffen bestehen.

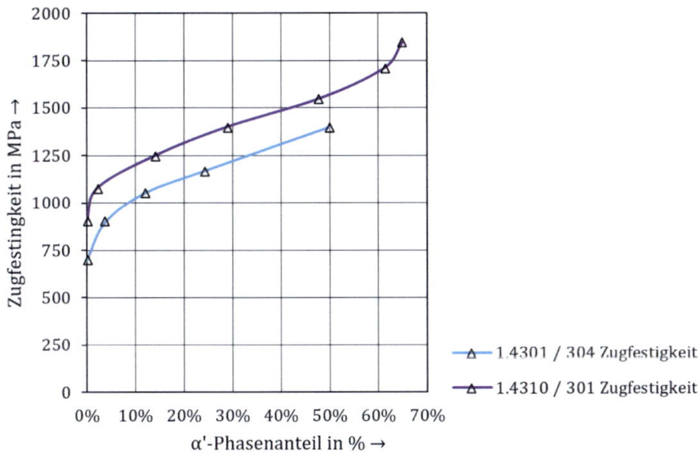

Abbildung 111: Verlauf der Zugfestigkeit Rm gemäß ISO 6892 in Abhängigkeit von dem magnetinduktiv ermittelten α'Phasenanteil vor Durchführung des quasistatischen Zugversuches

Die erzielte Bruchdehnung des Werkstoffes 1.4310 /AISI 301 zeigt mit steigendem Martensitanteil eine geringere Abnahme gegenüber dem Werkstoff 1.4301/AISI 304. Wie bereits oben beschrieben, ist auch in *Abbildung 112* ein Anstieg der erzielten Härte mit dem Umformgrad infolge der stattfindenden Kaltverfestigung zu erkennen. Der mit steigendem α'-Phasenanteil zunehmende Unterschied zwischen den beiden Werkstoffen kann auf den höheren Kohlenstoffanteil des Werkstoffes 1.4310/AIS301 zurückgeführt werden, was Liedtke bestätigt [Lie03].

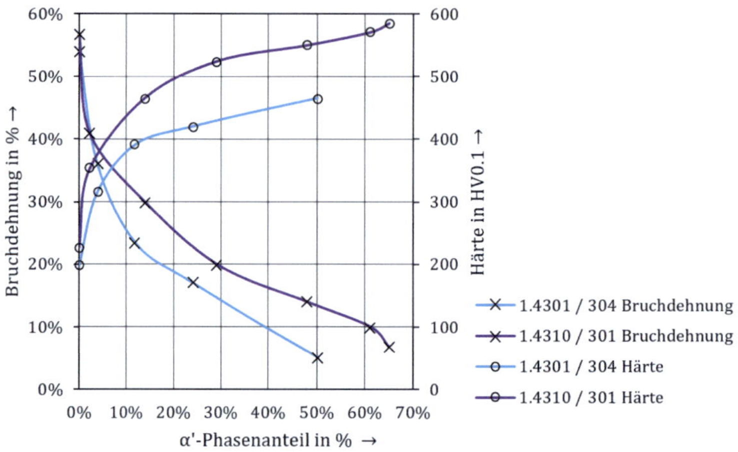

Abbildung 112: Verlauf der Bruchdehnung A5 gemäß ISO 6892 sowie der Härte HV0.1 in Abhängigkeit von dem magnetinduktiv ermittelten α'Phasenanteils vor Durchführung des quasistatischen Zugversuches

6.2 Chemische Zusammensetzung, Metallografie und Martensitevolution

Die Gegenüberstellung der Tiefenprofile der chemischen Zusammensetzung in *Abbildung 56* zeigt geringe Unterschiede im vorliegenden Chromgehalt zwischen den dargestellten Umformgraden $\varphi = 0,0$ und $\varphi = 0,6$. Das berechnete Verhältnis Cr2p/Fe2p in *Abbildung 57* illustriert dies zusätzlich. Der Verlauf lässt auf eine Verbreiterung der Passivschicht schließen, was unter anderem auf die gesteigerte Diffusionsfähigkeit im krz-Gitter gegenüber dem kfz-Gitter zurückgeführt werden kann und somit mit den Ergebnissen von Monrrabal et al. [Mon19] übereinstimmt. Dem gegenüber steht allerdings eine Erhöhung der Fehlstellendichte infolge der Kaltumformung, wie sie von Seemann beschrieben wird [See14]. Die Reduktion des maximalen Chromgehalts in der Passivschicht bei gesteigerter Kaltumformung lässt auf eine Reduktion der Korrosionsbeständigkeit schließen, was mit den Ergebnissen der Korrosionsmessungen für die polierten und elektropolierten Oberflächenausführungen an beide untersuchten Grundwerkstoffe übereinstimmt. Die bei beiden Werkstoffen gemessene Verschiebung des Maximums des Cr2p/Fe2p-Peaks um 1 nm kann somit nach den Ergebnissen auf die Erhöhung der Fehlstellendichte zurückgeführt werden. Kritisch zu betrachten ist, dass die angewendete Auflösung der XPS-Messung 1 nm entspricht. Bezogen auf die Verschiebung des Cr2p/Fe2p-Peaks ist diese

Auflösung deutlich zu gering, um als Nachweis für eine Verschiebung herangezogen zu werden.

Die auf Grundlage von Eichelman [Eic53] und Nohara [Noh77] durchgeführte Berechnung in *Tabelle 2* zur Einordnung der erzielten Austenitstabilität wird durch den messtechnisch erfassten α`- Martensit-Volumenanteil bestätigt. Der sigmoidale Verlauf des Martensitvolumens mit Zunahme des Umformgrades entspricht den Erwartungswerten auf Grundlage der Literatur [See14].

Die Gegenüberstellung der unterschiedlichen Methoden zum quantitativen oder qualitativen Nachweis von Martensit zeigt, dass diese grundsätzlich zu vergleich- und reproduzierbaren Ergebnissen führen.

Die angewendete Validierung der Messwerte der magnetinduktiven Messung durch einzelne EBSD-Messungen zeigt keine Beeinträchtigung der Aussagekraft durch Anwendung des magnetinduktiven Verfahrens als integraler Messwert. Die metallurgischen Schliffe mit Ätzung nach Kane zeigen bei vergleichbare Ätzdauer einen deutlichen Einfluss des Umformgrades. Eine darauf aufbauende quantitative Erfassung ist, wie bereits oben ausgeführt, nicht möglich.

Der in der Literatur diskutierte Einfluss der angewendeten Oberflächenbearbeitung auf den Messwert der magnetinduktiven Messung kann in Korrelation zur gemessenen Oberflächenrauheit gebracht werden. In Abhängigkeit von dem vorliegenden Umformgrad führt eine rauere Oberfläche auch zu einem geringfügig gesteigerten α`-Martensit-Messwert. Hierzu zeigt *Abbildung 71*, dass ein Unterschied um bis zu 5 Prozent zwischen den Messwerten bei der Gegenüberstellung einer mechanisch geschliffenen zu einer elektropolierten Oberfläche möglich ist. Diese Effekte können anhand des systematischen Einflusses der durchgeführten Oberflächenbearbeitung am Beispiel der in *Abbildung 71* und *Abbildung 72* aufgeführten Anteile für α'-Martensit abgeleitet werden. Ausgehend von der elektropolierten Oberflächenausführung zeigt *Abbildung 113* die Abweichung der jeweiligen Messwerte am Beispiel der labortechnisch präparierten Oberflächen. Mit steigendem Umformgrad erhöht sich somit auch die Abweichung zum Referenzwert der elektropolierten Oberflächenausführungen, was auf den systematischen Einfluss der vorliegenden Oberflächenrauheit schließen lässt. Es ist bekannt, dass unterschiedliche Oberflächenrauheiten sich entsprechend auf die Messwerte der magnetinduktiven Messungen insbesondere bei höheren Martensitgehalt auswirken können [Wer16].

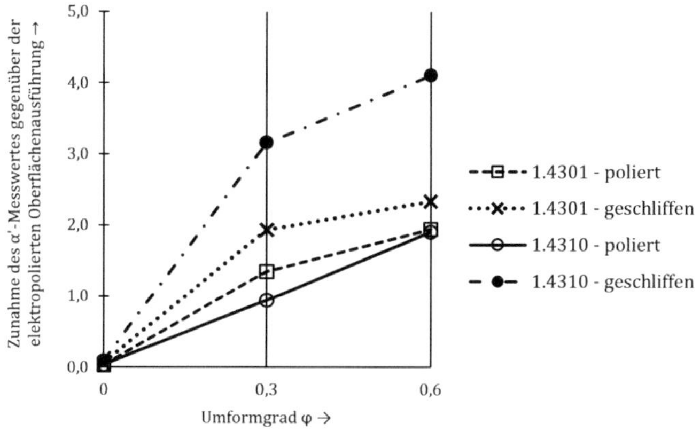

Abbildung 113: Relative Abweichung des auf Grundlage der magnetinduktiven Messung berechneten α'-Martensitanteils bezogen auf den elektropolierten Oberflächenzustand abhängig von dem Umformgrades φ für die im Labor durch Polieren und Schleifen erzeugten Oberflächenausführungen für die beiden Grundwerkstoff 1.4301/AISI 304 und 1.4310/AISI 301

Unabhängig von der vorliegenden Austenitstabilität gemäß der berechneten M_{d30}-Temperatur in *Tabelle 2* steigt bei beiden Werkstoffen die Abweichung bei der geschliffenen Oberflächenausführung stärker an als bei der polierten Oberflächenausführung. Wenngleich eine lokale Beeinflussung durch die Oberflächenbearbeitung auf einzelne Körner nicht ausgeschlossen werden kann, zeigt die Abweichung des erfassten Martensitgehalts den Einfluss des angewendeten Bearbeitungsverfahrens, was auf die Oberflächenrauheit zurückgeführt wird. Die gemessenen Unterschiede zwischen den Oberflächenausführungen können vorwiegend auf die angewendete Messmethode zurückgeführt werden. Dies wird auch durch die Metallografie bestätigt. Die in Abschnitt 0 und insbesondere in *Abbildung 62* bis *Abbildung 64* sowie *Abbildung 67* und *Abbildung 68* dargestellten Aufnahmen weisen auf keine erkennbare Beeinflussung des Gefüges infolge der angewendeten Oberflächenbearbeitungen hin.

Da ε-Martensit aufgrund des hdp-Gitters mittels magnetinduktiver Messung nicht detektiert werden kann, ist die Durchführung der EBSD-Messungen für ausgewählte Umformgrade und Oberflächen-zustände zur Referenzierung notwendig. Die durchgeführten Messungen liefern insgesamt keine Ergebnisse, welche auf ε-Martensit schließen lassen. Am Beispiel der von Seemann [See14] durchgeführten Messungen wird ε-Martensit dort nur mit sehr geringem Anteil und auch nur bei vergleichsweise geringen Umformgraden von $\varphi = 0{,}1$ durch EBSD-Messungen nachgewiesen. Daher kann für die untersuchten Oberflächenzustände ausschließlich von der Anwesenheit von α'-Martensit ausgegangen werden. Dies rechtfertigt die Anwendung der magnetinduktiven Messung, welche zu einer deutlich höheren Anzahl an Messwerten führt.

6.3 Elektrochemische Korrosionsbeständigkeit

Die durchgeführten elektrochemischen Untersuchungen zur Bestimmung des kritischen Lochfraßpotentials beweisen den systematischen Einfluss der Oberflächenbearbeitung in Verbindung mit dem vorliegenden Umformgrad auf die Korrosionsbeständigkeit. Der Umformgrad des Kaltwalzens, welcher sich wie in *Abbildung 70* aufgeführt, direkt auf den Martensitanteil im Gefüge auswirkt, zeigt zwei gegenläufige Trends hinsichtlich des erreichten CPP.

Der direkte Vergleich des Korrosionsverhaltens der beiden untersuchten Stähle im polierten und elektropolierten Zustand zeigt in *Abbildung 114* ein ähnliches Niveaus des kritischen Lochfraßpotentials. Dies entspricht angesichts der vergleichbaren PREN-Werte der Legierungslagen in *Tabelle 2* dem Erwartungswert. Beide Bearbeitungsverfahren mit vergleichsweise geringem Volumenabtrag zeigen in *Abbildung 114* eine Reduktion der Korrosionsbeständigkeit bei erhöhtem Umformgrad. Dieser Effekt stimmt mit den Ergebnissen verschiedener Publikationen überein [Bar02, Kum05, Peg09, Kur10, Fen16]. Seemann [See14] weist hierbei auf eine deutlich stärkere Ausprägung von Stromtransienten im Rahmen der metastabilen Lochfraßkorrosion hin, was im Rahmen dieser Arbeit ebenfalls beobachtet werden konnte. Anhand der XPS-Messung konnte eine Verringerung des Chrom-Maximums in der Passivschicht bei gesteigertem Umformgrad festgestellt werden. Nach mehreren Autoren ist damit eine Zunahme der Angriffspunkte zur Lochinitiierung verbunden, was aus wiederum auf die lokale Martensitumwandlung zurückgeführt wird [Mud02, Peg07, Peg09]. Das Abfallen der ermittelten kritischen Lochfraßpotentiale für die polierten und elektropolierten Oberflächenausführungen bei steigendem Umformgrad entspricht auch dem bereits von Morach [Mor94] identifizierten Verhalten. Durch die Steigerung der Inhomogenität der Oberfläche und des darunterliegenden Gefüges, wird die Dichte der Fehler im Passivfilm infolge von ungleichmäßigem Wachstum durch steigenden Umformgrad erhöht. Dabei ist die Ausprägung des Abfalls des Lochwachstumspotentials des Werkstoffes 1.4301/AISI 304 für den polierten und elektropolierten Zustand mit den Messwerten von Morach [Mor92, Mor94] vergleichbar. Der Verlauf bei den anderen Oberflächenausführungen lässt den Schluss zu, dass der Einfluss auf die Fehler im Passivfilm nicht nur durch den Umformgrad, sondern auch durch die Bearbeitungsparameter dominiert wird.

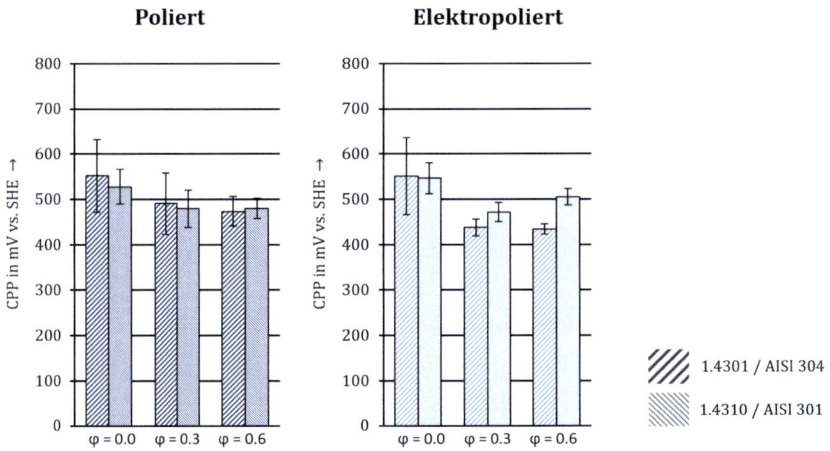

Abbildung 114: Gegenüberstellung des kritischen Lochfraßpotentials der Werkstoffe 1.4301/AISI 304 und 1.4310/AISI 301 für Links: Poliert, Rechts: Elektropolierte Oberflächen, gemessen in Acetatpuffer mit pH 4,5 und 0,08 mol/l NaCl

Der deutliche Unterschied zwischen dem erzielten Lochfraßpotential im lösungsgeglühten Zustand zwischen poliert und elektropoliert einerseits und händisch geschliffen andererseits, lässt sich nach Manning et al. [Man79] und Morach [Mor94] auf den Einfluss der Walz- und Schleifrichtung zurückführen. Die Bearbeitung im Labormaßstab, welche bei allen Oberflächenausführungen mit einer schleiftechnischen Bearbeitung auf einem

Rundschleifteller erfolgt, ist nicht parallel zur ursprünglichen Walzrichtung ausgerichtet. Somit wird eine deutlich größere Zahl an Einschlüssen im Werkstoff freigelegt, als bei einer Bearbeitung, welche parallel zur Walzrichtung erfolgt. Die maschinelle schleiftechnische Bearbeitung hingegen ist parallel zur Walzrichtung, was diesen Effekt unterbinden oder reduzieren kann.

Eine Verbesserung der erzielten Korrosionsbeständigkeit mit steigendem Umformgrad ist für die im Labor händisch geschliffenen Proben anhand *Abbildung 115* zu sehen. Insbesondere liegt bei dem mittleren gewählten Umformgrad von φ = 0,3 und darüber ein Unterschied zwischen den beiden untersuchten Stählen vor, was im Widerspruch zu den PREN-Werten steht. Diese Differenz ist bei den maschinell im Technikum geschliffenen Oberflächen noch deutlicher ausgeprägt (*Abbildung 44* und *Abbildung 45)*.

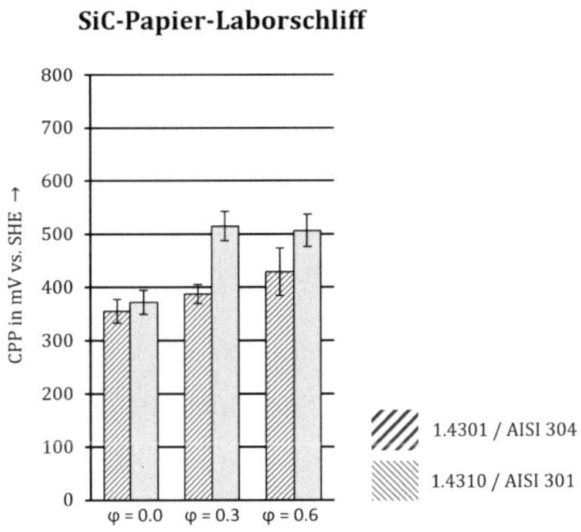

Abbildung 115: Gegenüberstellung des kritischen Lochfraßpotentials der Werkstoffe 1.4301/AISI 304 und 1.4310/AISI 301 für Laborschliff mit SiC-Papier, gemessen in Acetatpuffer mit pH 4,5 und 0,08 mol/l NaCl

Die Steigerung der Korrosionsbeständigkeit bei Zunahme des Umformgrades bei geschliffenen Oberflächen ist sowohl bei manueller als auch bei maschineller Bearbeitung zu erkennen. Ursache für diesen gegenläufigen Trend zwischen den geschliffenen und den polierten oder elektropolierten Oberflächenausführungen ist sowohl der Einfluss von Oberflächenfehlern als auch die Begünstigung der Lochinitiierung infolge der Kaltumformung. In Übereinstimmung mit verschiedenen Arbeiten [Peg09, See14, Mon19] ist anhand der polierten oder elektropolierten Oberfläche zu erkennen, dass die vorliegenden Scherbänder infolge der Kaltumformung zu einer Verschlechterung der Korrosionsbeständigkeit führen. Wird die Oberfläche hingegen geschliffen, so dominiert der Effekt der vorliegenden Oberflächen und damit verbundenen lokalen Defekten. Im lösungsgeglühten Zustand lassen sich die untersuchten metastabilen austenitischen Werkstoffe vergleichsweise schlecht schleifen, was zu einer schlechteren und somit anfälligeren Oberfläche führt. Infolge der Kaltumformung und der veränderten mechanischen Eigenschaften wird die Spanbildung verbessert, die Oberfläche wird homogener und die Korrosionsbeständigkeit steigt infolge einer geringeren Anzahl an lokalen Defekten der Passivschicht.

Der erkennbare Unterschied in der Korrosionsbeständigkeit zwischen den beiden Stählen im geschliffenen Zustand kann auf die unterschiedlichen mechanischen Eigenschaften und deren Beeinflussung durch die Kaltumformung zurückgeführt werden. Höhere Härte sowie höhere Bruchdehnung und Zugfestigkeit des Werkstoffes 1.4310/AISI 301 beeinflussen das bei der spanenden Bearbeitung auftretende Belastungskollektiv. Dies führt zu einer unterschiedlichen Ausprägung der vorliegenden Späne und zu einer unterschiedlichen Oberflächenmorphologie, worauf unter Abschnitt 6.4 eingegangen wird.

Die Verknüpfung des Repassivierungspotentials mit den Messwerten zur Bestimmung des kritischen Lochfraßpotentials und des erfassten Ruhepotentials für den jeweiligen Oberflächenzustand ermöglicht die Berechnung des PSF nach *Gleichung (7)* [Kla15, Kla17].

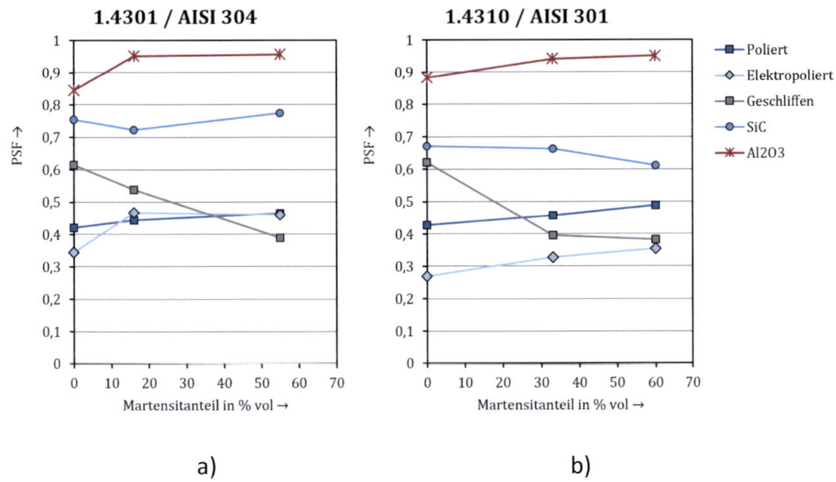

Abbildung 116: Einfluss der angewendeten Oberflächenbearbeitung auf den berechneten Wert PSF (pitting susceptibility factor) nach Klapper et al. [Kla15] in Abhängigkeit von dem vorliegenden Martensitvolumen, a) Werkstoff 1.4301/AISI304; b) Werkstoff 1.4310/AISI301

Der Kennwert, welcher in den Arbeiten von Klapper et al. [Kla15, Kla17] zur Differenzierung von unterschiedlichen nichtrostenden Stählen angewendet wurde, lässt anhand der unterschiedlichen Oberflächenausführungen ebenfalls eine Differenzierung zu. Der bereits oben mehrfach aufgeführte Unterschied zwischen den angewendeten Schleifkornwerkstoffen bei der industriellen Bearbeitung ist auch anhand des PSF zu erkennen. Der Anstieg des Lochfraßpotentials mit steigendem Umformgrad für die labortechnisch geschliffene Oberfläche ist deutlich zu erkennen. Allerdings spiegelt der in

Abbildung 116, dargestellte Faktor nicht den Anstieg für die mit Siliziumkarbid industriell geschliffene Oberfläche wider.

Da der PSF auf Basis der elektrochemischen Messwerte errechnet wird, ist naheliegend, dass sich dort vorliegende Trends in der Gegenüberstellung wiederfinden. Dies betrifft insbesondere die Reihung der unterschiedlichen Bearbeitungsverfahren. Ein systematischer Unterschied zwischen den beiden Werkstoffen lässt sich hierbei nicht ableiten. Das angewendete Bearbeitungsverfahren insbesondere für industrielle bearbeitete Oberflächen und der angewendete Kornwerkstoff dominieren die Reihung des errechneten PSF.

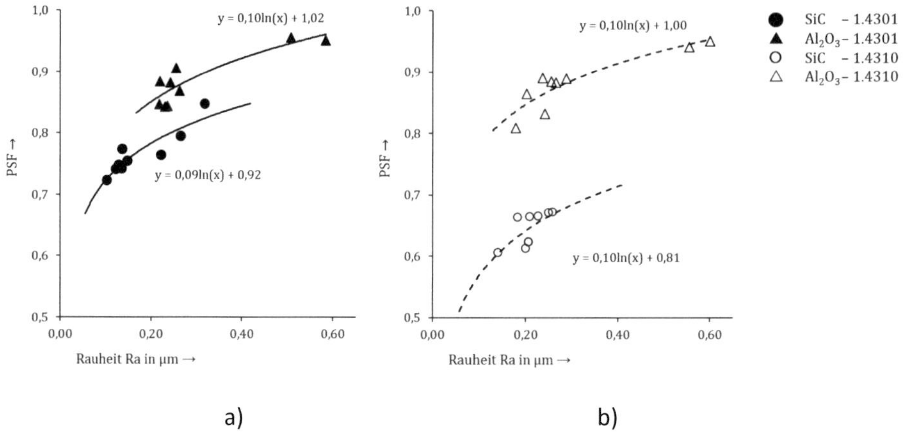

Abbildung 117: Errechneter PSF (pitting susceptibility factor) nach Klapper et al. [Kla15] über die taktile gemessenen Oberflächenrauheit R_a für industriell geschliffenen Oberflächenausführungen mit errechneter logarithmischer Trendlinie a) Werkstoff 1.4301/AISI304; b) Werkstoff 1.4310/AISI301

Der Einfluss des angewendeten Kornwerkstoffes bei der weggesteuerten maschinellen Bearbeitung wird anhand der aufgeführten Messwerte und der daraus berechneten Trendlinien in

Abbildung 117 ersichtlich. Die Anwendung von Korund als Kornwerkstoff weist hier bei beiden bearbeiteten Grundwerkstoffen auf eine deutlich höhere Anfälligkeit gegenüber Lochfraß hin. Anhand der Darstellung ist zudem zu erkennen, dass trotz teilweise vergleichbarer R_a-Werte ein deutlicher Unterschied im PSF für die einzelnen Messpunkte vorliegt. Dies widerspricht Ansätzen, dass alleinig anhand der Oberflächenrauheit oder auch der Körnung eines eingesetzten Schleifmittels zur Oberflächenbearbeitung ein direkter Rückschluss auf die erzielbare Korrosionsbeständigkeit möglich ist. Wie schon die Arbeit von Faller et al. [Fal08] aufzeigt, bestätigen die hier vorliegenden Ergebnisse, dass das jeweilige Verfahren zur Oberflächenbearbeitung einen dominanten Einfluss auf die erzielte Korrosionsbeständigkeit hat. Dass die jeweiligen Parameter und im Speziellen der angewendete Abrasivstoff sowohl zu einer Verbesserung aber auch Verschlechterung der erzielten Korrosionsbeständigkeit beim Schleifen führen kann, zeigt bereits Burkert et al. [BAM19]. Anhand der erzielten Messwerte kann ergänzt werden, dass eine vorausgegangene Kaltumformung ebenfalls eine erhebliche Rolle spielen kann.

Der Verlauf des elektrochemischen Stromrauschens über die angewendete Messdauer von 30 Minuten weist ebenfalls auf einen deutlichen Einfluss des angewendeten Kornwerkstoffes in Kombination mit der vorangegangenen Kaltumformung hin. Während die in *Abbildung 54* aufgeführten integralen Messwerte der Rauschladungsmenge vergleichsweise niedrige Werte bis maximal 13 mAs aufweisen, steigen die Messwerte für die mit Korund geschliffenen Oberflächen bei höheren Umformgraden auf Werte von über 80 mAs an, wie in *Abbildung 55* zu sehen ist.

Ein eindeutiger Einfluss des vorliegenden Martensitvolumens infolge des Umformgrades lässt sich in der Gegenüberstellung der errechneten Mittelwerte in Abbildung 118 nur für die mit Korund geschliffene Oberflächen ableiten. Wie schon bei der Darstellung der Ergebnisse in *Abbildung 54* und *Abbildung 55* ist auch in Abbildung 118 nur ein untergeordneter Einfluss des Grundwerkstoffes zu erkennen. Zwar liegen die Werte für die labortechnisch geschliffene und die maschinell mit Korund geschliffene Oberflächenausführung beim Grundwerkstoff 1.4310/AISI 301 für die höheren Umform-grade signifikant über deren Vergleichswerten beim Grundwerkstoff 1.4301/AISI 304, die Proben mit den restlichen Oberflächenausführungen weisen hingegen nur geringfügig höhere Werte auf.

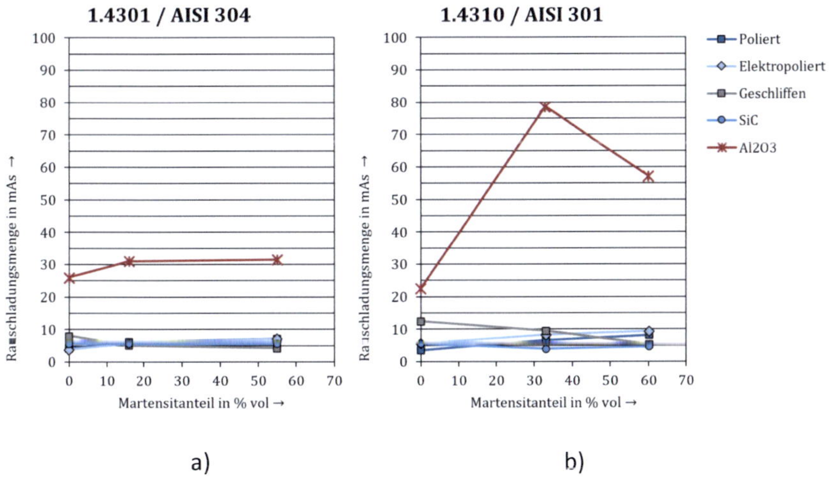

Abbildung 118: Gegenüberstellung der integrierten Rauschladungsmenge über die Messdauer von 30 Minuten für die unterschiedlichen Oberflächenausführungen in Abhängigkeit von dem vorliegenden Martensitvolumen; a) Werkstoff 1.4301/AISI304; b) Werkstoff 1.4310/AISI301

Die Verknüpfung der Verbindung der Messwerte des Stromrauschens mit der Oberflächenrauheit der erzeugten Oberflächen ist in *Abbildung 119* dargestellt. Wie schon anhand des in Abbildung 117 aufgeführten PSF ist mit Anstieg der Rauheit auch ein Anstieg der Messwerte, in diesem Fall der Rauschladungsmenge, zu erkennen. Allerdings zeigt das Beispiel von *Abbildung 119 b)* für den Werkstoff 1.4310/AISI 301, dass bei einer Rauheit Sa von ca. 0,4 µm die Oberflächenausführung Al_2O_3 einen deutlich höheren Wert liefert als die mit SiC geschliffene Oberfläche.

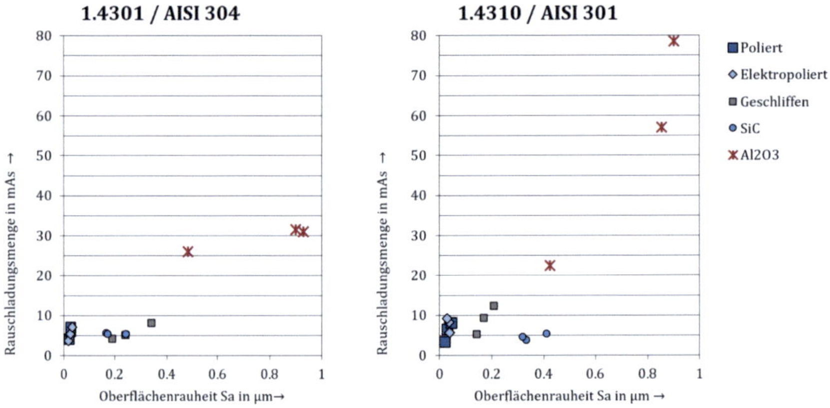

a) b)

Abbildung 119: Gegenüberstellung der integrierten Rauschladungsmenge über die Messdauer von 30 Minuten für die unterschiedlichen Oberflächenausführungen in Abhängigkeit von dem vorliegenden Martensitvolumen; a) Werkstoff 1.4301/AISI304; b) Werkstoff 1.4310/AISI301

Die Messwerte des Stromrauschens bestätigen somit, dass, neben dem bereits in der Literatur [Mor94, Hey04] aufgeführten Einfluss der Oberflächenrauheit, der angewendete Kornwerkstoff einen erkennbaren Einfluss auf die Ausbildung von stabilem Lochwachstum bei den untersuchten Werkstoffen haben kann und somit mit den Ergebnissen von Burkert et al. [BAM14, BAM19] korreliert. Die deutlich höhere Aktivität und die daraus resultierende deutlich höhere Rauschladungsmenge der mit Korund geschliffenen Oberflächen bei der Messung des Stromrauschens kann als Erklärung für die niedrigeren Messwerte des kritischen Lochfraßpotentials, also die vergleichsweise geringere Korrosionsbeständigkeit, für die mit Al_2O_3 in *Abbildung 45* herangezogen werden. Die höhere Rauschladungsmenge dieser Oberfläche, welche auf die deutlich höhere Transientenaktivität zurückzuführen ist, weist auf eine unterschiedliche Ausprägung von Mikrostrukturen und

Oberflächenfehler hin. Diese Fehler, welche als energetisch günstige Stellen für das oft als spontan bezeichnete Passivschichtwachstum angesehen werden, führen in weiterer Folge auch zu einer größeren Anzahl an fehlerbehafteten Stellen in der Passivschicht [Mor94]. Wie Abbildung 118 zeigt, lässt sich dieser Effekt anhand der untersuchten Proben nicht auf den Umformgrad zurückführen.

6.4 Einfluss auf die Morphologie von Oberflächen und Korrosionsangriff

Die erzeugte Oberflächentopografie ist als komplexes Zusammenspiel aller vorliegenden Parameter zu sehen. Die im Labor händisch erzeugten Oberflächen weisen im Gegensatz zu den maschinell im Technikum hergestellten Oberflächen eine sehr homogene Oberfläche auf, was sowohl die Rauheitsmesswerte als auch die REM-Aufnahmen zeigen. Die Versuche zur Bestimmung der Korrosionsbeständigkeit zeigen, dass insbesondere für die schleiftechnische Bearbeitung die erzeugte Oberfläche einen erheblichen Einfluss auf die erzielte Korrosionsbeständigkeit hat. Die maschinelle Bearbeitung mit Al_2O_3 führte trotz vergleichbarer Prozessparameter durchschnittlich zu höheren Rauheitswerten im direkten Vergleich zu den mit SiC bearbeiteten Proben. Dies zeigt, dass die in der industriellen Praxis, wie beispielsweise gemäß DIN EN 10088-4 [DIN10088-4], häufig angewendete Klassifizierung einer geschliffenen Edelstahloberfläche über die Körnung des angewendeten Schleifmittels keine Beschreibung in Bezug auf Oberflächenrauheit zulässt.

Die optische und elektronenmikroskopische Charakterisierung zeigt je Oberflächenausführung eine unterschiedliche Charakteristik. Die Gegenüberstellung der Abbot-Firestone-Kurven, erzeugt durch optische Rauheitsmessung, zeigt in *Abbildung 120* einen deutlichen Unterschied in der Verteilung der Materialanteile. Der unterschiedliche Verlauf verdeutlich den Einfluss der durch-geführten Oberflächenbearbeitung auf die erzeugte Oberflächentopografie, wie er exemplarisch auch schon anhand der REM-Aufnahmen (Vgl. *Abbildung 81* bis *Abbildung 83*) zu erkennen ist.

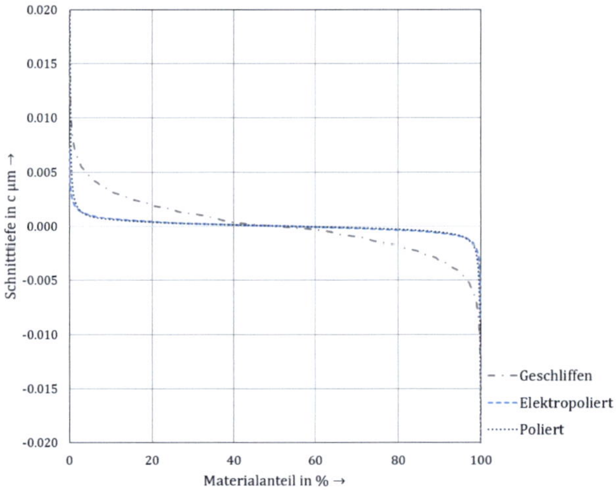

Abbildung 120: Abbott-Firestone-Kurve des Werkstoffes 1.4301/AISI 304, labortechnisch erzeugte Oberflächenausführungen im lösungsgeglühten Zustand (Umformgrad φ = 0)

Einzelne wissenschaftliche Arbeiten zeigen, dass Untersuchungen mittels REM zur Untersuchung von Oberflächendefekten bei geschliffenen Edelstahloberflächen genutzt werden können [Tur12, BAM10, BAM14]. Die durchgeführte Auswertung der erzeugten REM-Aufnahmen, welche im Rahmen dieser Arbeit zur Entwicklung des SIV führte, bestätigt den Einfluss des angewendeten Bearbeitungsverfahrens auf diesen berechneten Wert und stellt diesen in Zusammenhang mit der Beständigkeit gegenüber Lochfraß (siehe *Abbildung 86*). Hierzu zeigen sowohl die in *Abbildung 120* aufgeführte Abbott-Firestone-Kurve, als auch die optisch erfassten 3D-Oberflächendaten einen deutlichen Unterschied in der erreichten Rauheit zwischen poliert oder elektropoliert und geschliffen. Es ist naheliegend, dass angesichts der angewendeten Bilderzeugung im REM und der Berechnung des SIV auf Grundlage der Grauwertverteilung des jeweiligen Bildes sich ein direkter Einfluss der vorliegenden Oberflächenrauheit abzeichnet. Der Abgleich zwischen dem erzielten kritischen Lochfraßpotential und dem berechneten SIV zeigt allerdings, dass mit steigendem SIV eine relative Zunahme und mit fallendem SIV eine relative Abnahme der Korrosionsbeständigkeit vorliegt (Vgl. *Abbildung 121*).

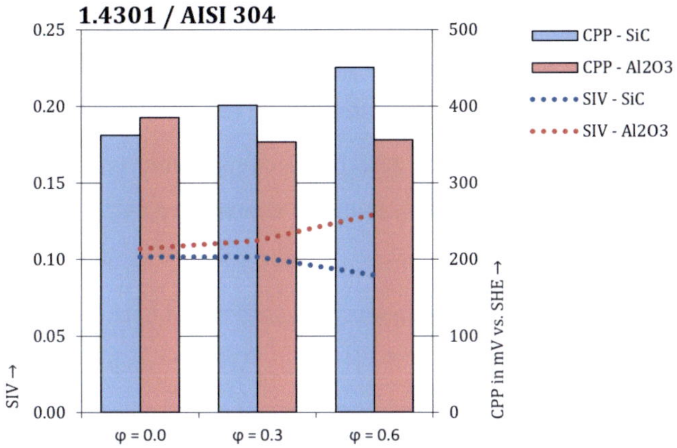

Abbildung 121: Zusammenhang zwischen dem ermittelten SIV und der erzielten Korrosionsbeständigkeit für maschinell geschliffene Oberflächen mit unterschiedlichem Kornwerkstoff für den Werkstoff 1.4301/AISI 304

Die Nutzung des SIV zur Bestimmung der Homogenität der Topografie an geschliffenen Oberflächen weist in *Abbildung 87* darauf hin, dass die mit Al_2O_3 geschliffenen Oberflächen ein ungleichmäßigeres Schliffbild aufweisen, was in Übereinstimmung mit anderen wissenschaftliche Untersuchungen steht [Fal08, BAM14, BAM19].

Bei der vorliegenden Lochmorphologie nach den elektrochemischen Korrosionsmessungen besteht ein stark ausgeprägter und systematischer Unterschied zwischen Oberflächen, welche mit SiC oder Al_2O_3 geschliffenen wurden. Während die geringere Anzahl an Löchern bei geschliffenen Oberflächen gegenüber den polierten Oberflächen auf eine stärkere Neigung hin zum stabilen Lochfraß in Abhängigkeit von dem Fertigungsverfahren schließen lässt [Hey04], weist die unterschiedliche Geometrie der vorliegenden Löcher auf den vorliegenden Einfluss der Oberflächentopografie hin. Die für Lochfraß vergleichsweise untypische Exzentrizität in Bearbeitungsrichtung (Vgl. *Abbildung 105*, *Abbildung 109* und *Abbildung 110*) zeigt, dass die für die Bearbeitung mit Al_2O_3 spaltähnliche Effekte an der Oberfläche erzeugen kann. Die Verschlechterung der Korrosionsbeständigkeit liegt somit bei den mit Al_2O_3 durch die damit erzeugte Topografie vor. Diese kann als Erklärung für den in vorangegangenen Arbeiten identifizierten Einfluss unterschiedlicher Abrasivstoffe auf die erzielte Korrosionsbeständigkeit von nichtrostenden Stählen herangezogen werden.

Wie *Abbildung 112* zeigt, liegt bei steigendem Umformgrad eine höhere Härte bei niedriger Bruchdehnung vor, was in Anlehnung an die theoretischen Grundlagen zur Spanbildung zu kürzeren Spänen führt [Klo05]. Gleichzeitig ist von einer starken Beeinflussung der vorliegenden Flächenverhältnisse zwischen aufgeworfener und abgetragener Fläche der einzelnen Körner gemäß *Gleichung (10)* und *Abbildung 22* auszugehen, was zu einer Beeinflussung der erzeugten Oberflächentopografie führt. Als wichtiger Einflussfaktor sind die Eigenschaften des zu schleifenden Werkstoffes zu beachten. Die Bruchdehnung oder das Streckgrenzenverhältnis und die Härte des Werkstückes führen zu einer stärkeren Ausprägung der Unterschiede in der erzeugten Oberflächenrauheit. Die Ergebnisse zeigen, dass sich die weicheren Korundpartikel bei einer Zunahme des Streckgrenzenverhältnisses infolge von Kaltumformung deutlich auf die erzielte Oberflächenrauheit auswirken.

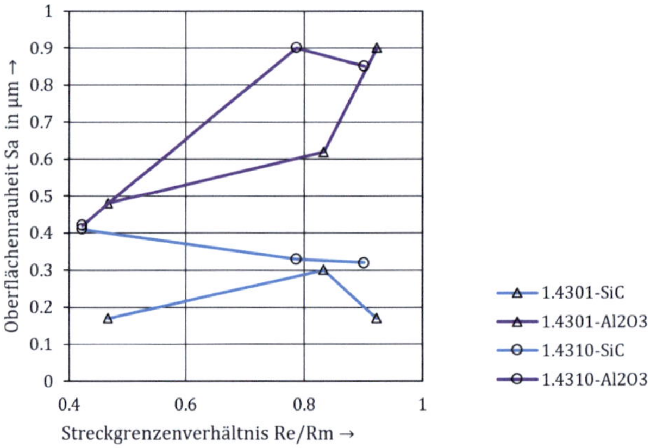

Abbildung 122: Einfluss der veränderten Bruchdehnung infolge der Kaltumformung auf die erzielte Oberflächenrauheit S_a für industriell geschliffene Oberflächen mit SiC und Al_2O_3

Hierzu zeigt *Abbildung 122*, dass bei einem höheren Streckgrenzenverhältnis und somit infolge eines spröderen Bruchverhaltens der erzeugten Späne ein deutlicher Anstieg der Oberflächenrauheit bei der Anwendung von Al_2O_3 zu erwarten ist. Für die angewendeten Parameter lässt sich auch ein Zusammenhang anhand der aufgebrachten Antriebsleistung an den maschinell geschliffenen Oberflächen erkennen. *Abbildung 37* zeigt hierzu eine Abnahme der erforderlichen Antriebsleistung der Schleifscheiben bei höherem Umformgrad für Al_2O_3-geschliffene Oberflächen, was mit dem spröderen Bruchverhalten der erzeugten Späne überein stimmt. Verdeutlich wird dies noch durch die Gegenüberstellung von erforderlicher Antriebsleistung und erzielter Flächenrauheit S_a in *Abbildung 123.* Zwar weisen die mit Korund bearbeiteten Oberflächen trotz gleicher Werkzeugspezifikation und gleicher Prozessparameter allgemein höhere Flächenrauheitswerte auf, gleichzeitig ist aber zu erkennen, dass bei der Bearbeitung mit Korund und somit für die höheren Rauheitswerte eine geringere Antriebsleistung erforderlich ist.

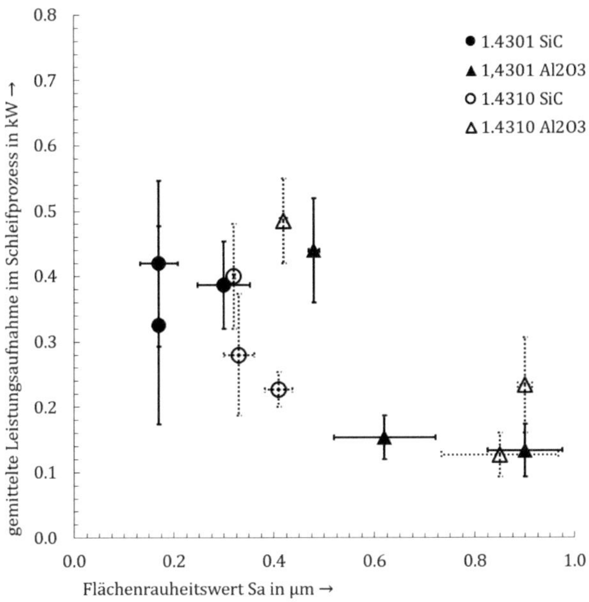

Abbildung 123: Einfluss des angewendeten Kornwerkstoffes auf die einzubringende Leistung im Schleifprozess über der erzielten Flächenrauheit bei der maschinellen Bearbeitung

Es wird somit bestätigt, dass bei einer höheren Oberflächenrauheit oder einer höheren Unregelmäßigkeit in der vorliegenden Topografie einer Oberfläche auch mit einer reduzierten Beständigkeit der Korrosionsbeständigkeit zu rechnen ist. Diese Topografie, welche anhand der erzeugten REM-Aufnahmen durch Nutzung einer verhältnismäßig großen Menge an Einzelproben (über 150 Proben) in Form der SIV-Berechnungen charakterisiert wurde, wird stark durch das angewendete Bearbeitungsverfahren, das angewendete Werkzeug sowie die mechanischen Eigenschaften des bearbeiteten Werkstoffes beeinflusst. Wenngleich im Rahmen dieser Arbeit keine Variation der Prozessparameter beim

Schleifen erfolgte, ist bekannt, dass das bei der Bearbeitung erzeugte thermomechanische Belastungskollektiv ebenfalls einen erheblichen Einfluss auf die erzeugte Oberfläche hat [Klo05, Fal08, BAM10, Dus14, GaM15, BAM19]. Die Vielzahl der damit verbundenen Variationsmöglichkeiten konnte im Rahmen der hier vorliegenden Arbeit nicht weiterführend untersucht werden. Die aufgezeigten Wechselwirkungen bieten allerdings die Grundlage für zukünftige Untersuchungen.

7 Fazit und Schlussfolgerung

Anhand der Untersuchung des Einflusses der angewendeten Oberflächenausführung auf die beiden metastabilen nichtrostenden Stähle 1.4301/AISI 304 und 1.4310/AISI 301 in unterschiedlichen Umformgraden, wird die Komplexität des Zusammenspiels der hier vorliegenden Mechanismen deutlich. Wenngleich die für diese Arbeit maßgeblichen Mechanismen zum Umformverhalten von metastabilen Austeniten, zur Entstehung von lokalen Korrosionsangriffen bei passiven Metallen sowie zur maschinellen Bearbeitung mit geometrisch unbestimmter Schneide in einer Vielzahl von wissenschaftlichen Arbeiten aufbereitet wurden, ist das Zusammenspiel dieser Faktoren weiterhin Bestandteil einer kontrovers geführten Diskussion. Die Ergebnisse zeigen, dass das Ziehen von Rückschlüssen auf die Beständigkeit von metastabilen nichtrostenden Stählen gegenüber korrosiven Umgebungsbedingungen, nicht ausschließlich anhand des angewendeten Bearbeitungsverfahrens oder der vorliegenden Oberflächenrauheit erfolgen kann.

Eine Beeinflussung der erzielten Korrosionsbeständigkeit infolge einer vorhergehend erfolgten Kaltumformung kann bestätigt werden. Bei der Bearbeitung durch Polieren oder Elektropolieren liegt trotz einer für alle Umformgrade ähnlichen Oberflächenbeschaffenheit eine Reduktion der Korrosionsbeständigkeit durch gesteigerten Umformgrad vor, was auf eine Beeinflussung der Passivschichtstabilität infolge der Kaltumformung zurückgeführt wird. Für diese Oberflächenausführung dominiert die Beeinträchtigung der Korrosionsbeständigkeit durch die Zunahme von Gitterfehlern. Infolge der durchgeführten Kaltverformung und der daraus resultierenden Bildung von Martensit wird dieser Effekt verstärkt. Die hieraus resultierende Bildung von martensitischem α‘-Gefüge führt zu einer zusätzlichen Reduktion der Lochfraßbeständigkeit. Dies lässt sich über die starke Erhöhung der Fehlstellendichte infolge der Kaltumformung sowie der daraus steigenden Anzahl an Störstellen in bzw. unter der Passivschicht erklären. Diese Fehlstellen bewirken somit eine Zunahme der Inhomogenität der vorliegenden Passivschicht, was die schützende Wirkung reduziert.

Eine schleiftechnisch durchgeführte Oberflächenbearbeitung dominiert dabei gegenüber dem Einfluss der Kaltverformung auf die erzeugte Passivschicht. Die hieraus abgeleiteten

Zusammenhänge der Einflussgrößen zur Beschreibung des Einflusses von Kaltumformung und Oberflächenbearbeitung auf die lokale Korrosionsbeständigkeit von metastabilen austenitischen CrNi-Stählen sind schematisch in *Abbildung 124* dargestellt. Die vorliegenden Umgebungsbedingungen sowie die chemische Zusammensetzung des Werkstoffes sind entscheidend, ob ein passives oder aktives Korrosionsverhalten vorliegt [Pou70]. Die Legierungslage aber auch die bei der Herstellung und Weiterverarbeitung erfolgte Beeinflussung eines Bauteils kann zu einer Veränderung der chemischen Zusammensetzung der Oberfläche oder der Passivschicht führen. Topografische oder physikalische Eigenschaften einer Bauteiloberfläche werden wiederum durch das Fertigungsverfahren und die mechanischen Eigenschaften des Grundwerkstoffes beeinflusst.

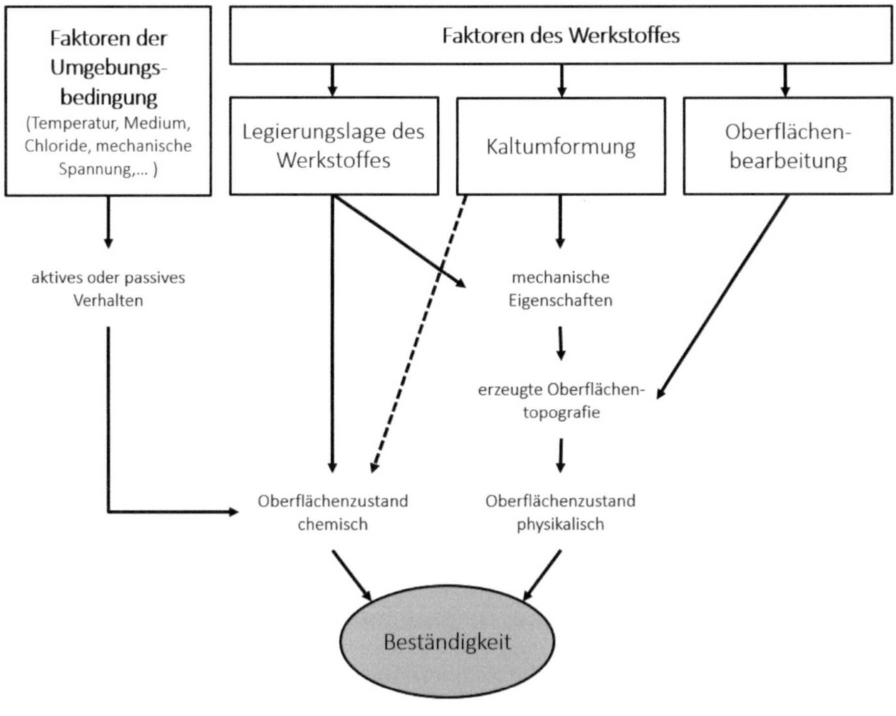

Abbildung 124: Schematische Darstellung der Faktoren mit Einfluss auf die erzielte Beständigkeit bei metastabilen nichtrostenden austenitischen Stählen

Die Beeinflussung der lokalen Korrosionsbeständigkeit ist somit auf zwei Ursachen zurückzuführen:

(1) Erhöhung der Anzahl an lokalen Fehlern oder Störstellen in der Passivschicht durch mechanisch induzierte Gitterfehler infolge von Kaltumformung

(2) Begünstigung der Korrosion durch topografische Störstellen infolge der mechanischen Oberflächenbearbeitung

Wenngleich die hier vorgelegten Ergebnisse zeigen, dass infolge des Umformgrades bei beiden untersuchten Legierungen eine Beeinflussung der chemischen Zusammensetzung in der Passivschicht vorliegt, wird der Einfluss dieses Effektes nur bei elektropolierten und polierten Oberflächen in Form einer Reduktion des kritischen Lochfraßpotentials sichtbar. Die geschliffenen Oberflächen zeigen hier einen umgekehrten Trend der Korrosionsbeständigkeit, bezogen auf den Martensitanteil. Liegt eine Kaltverfestigung bei metastabilen Austeniten vor, führt die schleiftechnische Bearbeitung mit Siliziumkarbid zu einer signifikant verbesserten Beständigkeit gegenüber Lochfraß als bei einer Bearbeitung mit Korund. Um diesen Effekt, welcher auf die erzeugte Oberflächentopografie zurückgeführt werden kann für industrielle Prozesse nutzbar zu machen, wird eine erweiterte Parametervariation sowohl beim Schleifprozess als auch bei den bearbeiteten Werkstoffen angestrebt. Neben einer Erhöhung des Zeitspanvolumens wird auch eine Anpassung des vorliegenden Binders im Schleifwerkzeug als mögliche Maßnahme angesehen.

Eine Beeinträchtigung der Diffusion von Chrom zur Neubildung der Passivschicht, wie anhand des Repassivierungspotentials in (Abbildung 47 und *Abbildung 48*) zu sehen, ist ebenfalls auf den erhöhten α'-Phasenanteil zurückzuführen. Die Diffusionsfähigkeit wird durch die höhere Fehlstellendichte sowie durch die Spannungserhöhung im vorliegenden Gitter infolge der unterschiedlichen Gitterkonstante von der kubisch-flächenzentrierten φ-Phase hin zur kubisch-raumzentrierten α'-Phase gehemmt. Die Ausprägung dieses Effektes tritt insbesondere im Rahmen der Repassivierung auf, da hier innerhalb einer kurzen Zeitspanne eine Neubildung einer stabilen Passivschicht erfolgen muss. Steht eine längere Zeitspanne zur Formierung einer stabilen Passivschicht zur Verfügung, so begünstigt das krz-Raumgitter des α‘-Martensit die Diffusion von Chrom und Nickel.

8 Literatur

[Ach12] S.G. Acharyya, A. Khandelwal, V. Kain, A. Kumar, I. Samajdar; Surface working of 304L stainless steel: Impact on microstructure, electrochemical behavior and SCC resistance; Material Characterization, Vol. 72, (2012), S.68-76.

[AIF18] A. Burkert; Optimierung industrieller Kroundschleifprozesse zur Sicherstellung der Korrosionsbeständigkeit nichtrostender Stähle; Bundesanstalt für Materialforschung und – prüfung; AIF Forschungsvorhaben 18823 N/1 Schlussbericht, (2018).

[ASTMG150] ASTMG150-99(2010); Standard Test Method for Electrochemical Critical Pitting Temperature Testing of Stainless Steel; American Society for Testing and Materials, West Conshohocken, (2010).

[ASTMG199] ASTM G199 – 09(2014); Standard Guide for Electrochemical Noise Measurement; American Society for Testing and Materials, West Conshohocken, (2010).

[BAM10] A. Burkert; Beeinträchtigung der Funktionalität nichtrostender Stähle durch unzureichende Passivschichtausbildung; Schlussbericht der Forschungsstelle BAM Bundes-anstalt für Materialforschung und –prüfung; Berlin; (2010).

[BAM14] A. Burkert; Detektion korrosionsempfindlicher Oberflächen nichtrostender Stähle durch die Verarbeiter; Schlussbericht der Forschungsstelle BAM Bundesanstalt für Materialforschung und –prüfung; Berlin; (2014).

[BAM19] A. Burkert; Optimierung industrieller Korundschleifprozesse zur Sicherstellung der Korrosionsbeständigkeit nichtrostender Stähle; Schlussbericht der Forschungsstelle BAM Bundesanstalt für Materialforschung und –prüfung; Berlin; (2019).

[Bar01] A. Barbucci, M. Delucchi, M. Panizza, M Sacco, G. Cerisola; Electrochemical and corrosion behaviour of cold rolled AISI 301 in 1 M H2SO4; Journal of Alloys and Compounds; Vol. 317-318 (2001), S.607-611.

[Bar02] A. Barbucci, G. Cerisola, P.L. Cabot; Effect of Cold-Working in the Passive Behavior of 304 Stainless Steel in Sulfate Media; J. Electrochem. Soc. Vol. 149, Issue 12 (2002), S.534-542.

[Bar08] H.-J. Bargel, G. Schulze; Werkstoffkunde; Springer Verlag, (2008).

[Boe89] H. Böhni, L. Stockert; Die Bedeutung der metastabilen Lochkorrosion bei hochlegierten Stählen, Werkstoffe und Korrosion 40, (1989), S.63-70.

[Bur95] G. T. Burstein, P. C. Pistorius; Surface roughness and the metastable pitting of stainless steel in chloride solutions, Corrosion, Issue 51, (1995), S.380.

[Bur98-1] A. Burkert, A. Heyn, J. Göllner; Rauschdiagnostik bei Korrosionsprozessen – Teil 1: Ergebnisse eines Ringversuches; Materials and Corrosion 49, (1998), S.630-641.

[Bur98-2] A. Burkert, A. Heyn, J. Göllner; Rauschdiagnostik bei Korrosionsprozessen – Teil 2: Problemanalyse; Materials and Corrosion 49, (1988), S.642-650.

[Bur04] G. T. Burstein, C. Liu, R.M. Souto, R.M. Vines; Origins of pitting corrosion; Corrosion Engineering Science and Technology (2004), Vol. 39, S.25-30.

[Bur13] A. Burkert, H.S. Klapper, J. Lehmann; Novel strategies for assessing the pitting corrosion resistance of stainless steel surfaces; Materials and Corrosion 63, (2013), S.675-682.

[Cie84] W.R. Ciesiak, DJ. Duquette; Properties of the passive films formed on ferritic stainless steels in Cl- Solutions, Corrosion 40, (1984), S.545.

[Coa90] G.E. Coates; Effect of some surface treatments on the corrosion of stainless steel; Material Performance, (1990).

[Con99] A. Conde, D. E. Williams; Crevice corrosion and pitting detection on 304 stainless steel using electrochemical noise; Materials and Corrosion 50, (1999), S.585-590.

[Dan08] W.J. Dan, S.H: Li, W.G. Zhamg, Z.Q. Lin; The effect of strain-induced martensitic transformation on mechanical properties of TRIP Steel; Journal of Materials and Desing 2008, Vol. 29, Issue 3, (2008) S.604-612.

[Deg74] J. Degerbeck, E. Wold; Some aspects of the influence of manganese in austenitic stainless steels; Werkstoffe und Korrosion 25, (1974), S.172.

[Den89] P. Dennis; Hochleistungsbandschleifen; Dissertation an der Universität Hannover, (1989).

[DEW14301] Werkstoffdatenblatt Acidur 4301 – X5CrNi18-10 1.4301; Deutsche Edelstahlwerke GmbH, Witten, (2015).

[DEW14310] Werkstoffdatenblatt Acidur 4310 – X10CrNi18-8 1.4310; Deutsche Edelstahlwerke GmbH, Witten, (2015).

[DIN17475] DIN EN ISO 17475:2008-07, Korrosion von Metallen und Legierungen – Elektrochemische Prüfverfahren – Leitfaden für die Durchführung potentiostatischer und potentiodynamischer Polarisationsmessungen, Beuth-Verlag, Berlin, (2008).

[DIN17864] DIN EN ISO 17864:2008-07: Korrosion von Metallen und Legierungen - Bestimmung der kritischen Lochkorrosionstemperatur unter potentiostatischer Kontrolle (ISO 17864:2005); Beuth-Verlag, Berlin, (2008).

[DIN50918] DIN 50918:2018-09: Korrosion der Metalle - Elektrochemische Korrosionsuntersuchungen; Beuth-Verlag, Berlin, (2008).

[DIN10088-1] DIN EN 10088-2:2014-12: Nichtrostende Stähle - Teil 1: Verzeichnis der nichtrostenden Stähle; Deutsche Fassung EN 10088-1:2014; Beuth-Verlag, Berlin, (2014).

[DIN10088-2] DIN EN 10088-2:2014-12: Nichtrostende Stähle - Teil 2: Technische Lieferbedingungen für Blech und Band aus korrosionsbeständigen Stählen für allgemeine Verwendung; Deutsche Fassung EN 10088-2:2014; Beuth-Verlag, Berlin, (2014).

[DIN10088-3] DIN EN 10088-3:2014-12: Nichtrostende Stähle - Teil 3: Technische Lieferbedingungen für Halbzeug, Stäbe, Walzdraht, gezogenen Draht, Profile und Blankstahlerzeugnisse aus korrosionsbeständigen Stählen für allgemeine Verwendung; Deutsche Fassung EN 10088-3:2014; Beuth-Verlag, Berlin, (2014).

[DIN10088-4] DIN EN 10088-4:2010-01: Nichtrostende Stähle - Teil 4: Technische Lieferbedingungen für Blech und Band aus korrosionsbeständigen Stählen für das Bauwesen; Deutsche Fassung EN 10088-4:2009, Beuth-Verlag, Berlin, (2009).

[DIN525] DIN EN ISO 525:2015-02: Schleifkörper aus gebundenem Schleifmittel – Allgemeine Anforderungen; Beuth-Verlag, Berlin, (2015).

[DIN8589] DIN 8589-11:2003-09: Fertigungsverfahren Spanen – Teil 11: Schleifen mit rotierendem Werkzeug, Einordnung, Unterteilung, Begriffe; Beuth-Verlag, Berlin, (2003).

[DIN6507] DIN EN ISO 6507-1: 2018-07: Metallische Werkstoffe - Härteprüfung nach Vickers – Teil 1: Prüfverfahren (ISO 6507-1:2018); Deutsche Fassung EN ISO 6507-1:2018; Beuth-Verlag, Berlin, (2018).

[DIN8044] DIN EN ISO 8044:2019-03: Korrosion von Metallen und Legierungen - Grundbegriffe (ISO/DIS 8044:2019); Deutsche und Englische Fassung ISO 8044:2019; Beuth-Verlag, (2019).

[DIN25178] DIN EN ISO 25178-1:2016-12 Geometrische Produktspezifikation (GPS) – Oberflächen-beschaffenheit: Flächenhaft - Teil 1: Angabe von Oberflächenbeschaffenheit (ISO 25178-1:2016); Deutsche Fassung EN ISO 25178-1:2016; Beuth-Verlag, Berlin, (2018).

[Dus14] M. Duscha; Beschreibung des Eigenspannungszustandes beim Pendel- und Schnellhubschleifen; Dissertation an der Rheinisch-Westfälischen Technischen Hochschule Aachen; (2014).

[Eck90] H.-J- Eckstein; Korrosionsbeständige Stähle; Deutscher Verlag für Grundstoffindustrie, Leipzig, (1990).

[Eck95] C. Eckstein, A. Weiß, H.-J. Eckstein; Der Einfluss martensitischer Gefügeausbildung in Cr-Ni-Stählen auf das Lochfraßverhalten; Materials and Corrosion 46 (1995), S.76-82.

[Eic53] A.H. Eichelman Jr., F.C. Hull; The Effect of compostion on the Tmerpatur of Spontaneous Transformation of Astenite to Martensite in 18-8-Type Stainless Steel, Trans. ASM, Vol. 45, (1953), S.77-104.

[Enk77] C.G. Enke; Nichtrostende Stähle, Eigenschaften – Verarbeitung – Anwendung – Normen; Edelstahl-Vereinigung e. V. und Verein Deutscher Eisenhüttenleute und Verlag Stahleisen mbH; Düsseldorf (1977).

[Fal08] M. Faller, P. Gümpel; Einfluss einer mechanischen Bearbeitung auf das Korrosionsverhalten von nichtrostenden Stählen; Tagungsband 3-Länder-Korrosionstagung; Wien, (2008).

[Fen16] X. Feng, X. Lu, Y. Zuo, N. Zhuang, D. Chen; The effect of deformation on metastable pitting of 304 stainless steel in chloride contaminated concrete pore solution; Corrosion Scie4nce, Vol. 103 (2016), S.223-229.

[Fle88] H.-J. Fleischer, N. Arlt, P. Gümpel, R. Grundmann; Beispiele für Entwicklungstrends auf dem Gebiet der nicht-rostenden Stähle; Thyssen Edelstahl Techn. Berichte 14; Vol. 1; S.3-11 (1988).

[Fle14] E. Fleischmann, U. Glatzel; Aufbau und Eigenschaft Metall – Metallische Werkstoffe; Vorlesungsskript WS 2014/15; Universität Bayreuth (2014).

[Fra98] G. Frankel; Pitting Corrosion of Metals A Review of the Critical Factors, Electrochem. Soc., Vol. 145, no. 6, S.2186-2198, (1998).

[For69] P. Forchhammer, H.J. Engell; Untersuchungen über den Lochfrass an passiven austenitischen Chrom-Nickel-Stählen in neutralen Chloridlösungen; Werkstoffe und Korrosion, Vol. 20, Issue 1, (1969).

[Fro89] AT. Fromhold Jr, S.J. Noh; The transport of ions and electrons through microscopically inhomogenous passive films: breakdown implications; Corrosion Science 29 (1989) S.237.

[Fu09] Y. Fu, X. Wu, E.-H. Han, W. Ke, K. Yang, Z. Jiang: Effects of cold work and sensitization treatment on the corrosion resistance of high nitrogen stainless steel in chloride solutions, Electrochimica Acta 54 (2009), S.1618-1629.

[Gal76] J.R. Galvele; Transport processes and the mechanism of pitting of metals, J. Electrochem. Soc. 123 (1976), S.464.

[Gal05] J.R. Galvele; Tafels´s law in pitting corrosion and crevice corrosion susceptibility; Corrosion Science 47 (2005), S.3053-3067.

[Goe98] J. Göllner, A. Burkert; Untersuchung der Korrosionsneigung mit Hilfe des elektrochemischen Rauschens, Teil 1: Phänomen, Entwicklungstrends und Probleme; Materials and Corrosion 49, S.614-622, (1998).

[Goe04] J. Göllner; Elektrochemisches Rauschen bei der Korrosion; Materials and Corrosion 55, (2004), S.727-734.

[Gue07] P. Gümpel; Rostfreie Stähle: Grundwissen, Konstruktions- und Verarbeitungshinweise; Verlag Kontakt & Studium, (2007).

[Gue16] P. Gümpel, A. Hörtnagl; Influence of the surface condition on corrosion behavior of stainless steel; Materials and Corrosion 67, S.607-620, (2016).

[Ham07] A.S. Hamdy, E. El-Shenawy, T. El-Bitar; The corrosion behavior of niobium bearing cold deformed austenitic stainless steels in 3.5% NaCl solution; Materials Letters, Vol. 61, Issue 13 (2007), S. 2827-2832.

[Hau10] P. Haušild, V. Davydov, J. Drahokoupil, M. Landa, P. Pilvin; Characterization of strain-induced martensitic transformation in a metastable austenitic stainless steel; Materials and Design, Vol. 31 (2010), S.1821-1827.

[Hed05] P. Hedström; Deformation induced martensitic transformation of metastable stainless steel AISI 301; Luleå , Sweden , (2005).

[Hed10] A. Hedayati; A. Najafizadeh; Kermanpur, A.; Journal of Materials Processing Technology; (2010), S.1017-1022.

[Hel81] H.J. Heller, G. Herbsleb, F. Kleinfeld, B. Pfeiffer; Der Einfluss von Martensit auf das Korrosionsverhalten von 18 Cr-10 Ni-Stahl; Werkstoffe und Korrosion, Vol. 32 (1981), S.157-167.

[Hen13] G. Henkel, B. Henkel; Hinweise zum Passivschichtphänomen bei austenitischen Edelstahllegierungen; Technical Bulletin, Aufsatz Nr. 45, (2013).

[Heu89] K.E.Heusler; The influence of electrolyte composition on the formation and dissolution of passivating films; Corrosion Science Vol. 29 (1989) S.131.

[Her76] G. Herbsleb, K.-J. Westerfeld; Der Einfluss von Stickstoff auf die korrosionschemischen Eigenschaften lösungsgeglühter und angelassener austenitischer 18/10 Chrom-Nickel- und 18/10 Chrom-Nickel-Molybdän-Stähle II Loch- und Spannungsrisskorrosions-verhalten in wässrigen Lösungen von NaCl und MgCl2; Werkstoffe und Korrosion Vol. 27, (1976) S.479.

[Hey04] A. Heyn; Rauschanalyse des Frühstadiums der Lochkorrosion; Dissertation an der Universität Magdeburg; (2004).

[Hey08] A. Heyn, A. Burkert, J. Göllner; Der Einfluss des Oberflächenzustandes auf die Initiierung örtlicher Korrosion; Tagungsband 3-Länder-Korrosionstagung, S.46-54; Wien (2008).

[Hof10] C. Hoffmann, P. Gümpel; Electrochemically Measurements for Testing the Corrosion Behaviour of Stainless Steels in Automotive Exhaust Systems; Proceedings of the European Corrosion Congress, EUROCORR (2010), Moskau.

[Hon97] T. Hong, M. Nagumo; Effect of surface roughness on early stage of pitting corrosion on type 301 stainless steel; Corrosion. Science, Issue 39, S.1665, (1997).

[Ive68] W.P. Iversion; Transient Voltage Changes Produced in Corroding Metals and Alloys; J. Electrochem. Soc., Vol. 115 (6), S.617-618, (1968).

[ISER968] Informationsstelle Edelstahl Rostfrei; Mechanische Oberflächenbehandlung nichtrostender Stähle in dekorativen Anwendungen; Merkblatt 968, Düsseldorf, 1. Auflage (2005).

[ISER984] Informationsstelle Edelstahl Rostfrei; Rauheitsmaße bei Oberflächen von nichtrostendem Stahl; Merkblatt 984, Düsseldorf, 1. Auflage (2016).

[Jan93] L. Jansen; Pitting Corrosion of Stainless Steel; The Role of Inclusions and the Effect of Surface Deformation; Dissertation an der TU Delft, (1993).

[Jan96] D. Jang, T. Watkins, K Kozaczek, C. Hubbard, O. Cavin; Surface residual stresses in machined austenitic stainless steel; Wear; Vol. 194, S.168-173; (1996).

[Kam12] B. Kämmerer; Abhängigkeit der Korrosionsbeständigkeit von der chemischen Oberflächenzusammensetzung von Chromstählen; Dissertation an der Universität Augsburg; (2012).

[Kau71] L. Kaufmann, J.F. Breedis; Formation of hcp and bcc phases in austenitic iron alloys; Journal of Metallurgical Transaction, Vol. 2 (1971), S.2359-2371.

[Kel65] P.M. Kelly; The martensite transformation in steels with low stacking fault energy; Acta Metallurgica (1965), June, Vol. 13 Issue 6, S.635-646.

[Kla15] H.S. Klapper, J. Stevens; Influence of Alloying Elements on the Pitting Corrosion Resistance of CrMn-Stainless Steels in Simulated Drilling Environments; Corrosion (2015), paper no. 5527, Housten TX: NACE.

[Kla17] H. S. Klapper, R. B. Rebak; Assessing the Pitting Corrosion Resistance of Oilfield Nickel Alloys at Elevated Temperatures by Electrochemical Methods; Corrosion (2017), Vol. 73 Issue 6; S.666-673.

[Kib07] S. Kibey, J. B. Liu, D.D. Johnson, H. Sehitoglu; Predicting twinning stress in fcc metals: Linking twin-energy pathways to twin nucleation; Acta Materialia (2007), August, Nr. 55, S.6843 – 6851, (2007).

[Klo05] F. Klocke, W. König; Fertigungsverfahren 2 – Schleifen, Honen, Läppen; 4. Auflage; ISBN 978-3-540-23496-8; Springer-Verlag Berlin, Heidelberg, (2005).

[Kön89] W. König; Fertigungsverfahren Band 2, Schleifen, Honen, Läppen; Düsseldorf: VDI Verlag (1989).

[Kur10] A. Kurc-Lisiecka, M. Basiaga, M. Kciuk; Influence of cold rolling on the corrosion resistance of austenitic steel; J. A. in Materials and Manufacturing Engineering; Vol. 38, Issue 2 (2010), S.154-162.

[Kum05] B.R. Kumar, R. Sing, B. Mahato, P.K. De, N.R. Bandyopadyay, D.K. Bhattacharya; Effect of texture on corrosion behavior of AISI 304L stainless steel; Materials Characterization, 54 (2005), S.141-147.

[Kum07] B.R. Kumar, B. Mahato, R. Sing; Influence of Cold-Worked Structure on Electrochemical Properties of Austenitic Stainless Steels; Metallurgical and Materials Transactions A (2007), Vol. 38, Issue 9, S.2085-2094.

[Lad04] T.L. Ladwein, P- Gümpel; The Influence of Functional Surface Properties of Stainless Steels on Corrosion; NACE Corrosion; Paper No. 04223, (2004).

[Leh16] J. Lehmann, A. Burkert, J. Mietz; Investigations proofing the passive layer stability of stainless steels; Materials and Corrosion, 67, No. 1, S.84-91 (2016).

[Lie03] D. Liedtke; Über den Zusammenhang zwischen dem Kohlenstoffgehalt in Stählen und der Härte des Martenists; Material Science & Engineering Technology; Vol. 34, Iusse 1; S.86-92, (2003).

[Lor75] W. Lortz; Schleifscheibentopographie und Spanbildungsmechanismen beim Schleifen; Dissertation an der Rheinisch-Westfälischen Technischen Hochschule Aachen; (1975).

[Lot15] R. Loto and I. Akinwumi; Electrochemical influence of Aminobenzene on the pitting corrosion behaviour of Type 304 stainless steel in dilute sulphuric acid; Journal of Materials and Environmental Science (JMES), Vol. 6,Nno. 2, S.297-306, (2015).

[Luo17] H. Luo, H. Su, G. Ying, C. Dong, X. Li; Effect of cold deformation on the electrochemical behaviour of 304L stainless steel in contaminated sulfuric acid environment; Applied Surface Science, Vol. 425 (2017), S.628-638.

[Mac73] E. Macherauch, H. Wohlfart, U. Wolfsteig; Zur Zweckmäßigen Definition von Eigenspannungen; HTM Härterei-Technische-Mitteilung; 28. Jahrgang, 1973, Nr. 3 S.201-211.

[Mac83] E. Macherauch; Eigenspannung. Entstehung, Messung, Bewertung. Band 1; Vortragstexte eines Symposiums der Deutschen Gesellschaft für Metallkunde, in Zusammenarbeit mit dem Deutschen Verband für Metallkunde; Deutsche Gesellschaft für Metallkunde (1983).

[Mai03] H.J. Maier; Spezielle Fragestellungen: Umwandlungsplastizität, TRIP, TWIP+Co; Universität Paderborn, Vortrag (2013).

[Man79] P.E. Manning; D.J. Duquette; W.F. Savage; The Effect of Test Method and Surface Condtion on Pitting Potential of Single and Duplex Phase 304L Stainless Steel; Corrosion, Vol. 35/4 (1979); S.151-157.

[Miy91] K. Miyahara, R. Sugihara, T. Satoh, Y. Hosoi; Effects of alloying elements of manganese, carbon and nitrogen and ageing treatments on corrosion resistance of Fe-Cr-Mn alloys; Proc. Int. conference on stainless steels, Chiba (1991), S.139.

[Mor94] R. Morach; Zur Entstehung lokaler Korrosionsangriffe auf passiven Metallen – Metastabile Korrosionsprozesse und ihre Einflussgrössen bei nichtrostenden, austenitischen Stählen; Dissertation an der Eidgenössichen technischen Hochschule Zürich; (1994).

[Mon19] G. Monrrabal, A. Bautista, S. Guzman, C. Gutierrez, F. Velasco; Influence of the cold working induced martensite on the electrochemical behavior of AISI 304 stainless steel surfaces; in Journal of Materials Research and Technology (2019); Vol. 8(1), S.1335-1346.

[Mud02] U.K. Mudali, P. Shankar, S. Ningshen, R.K. Dayal, H.S. Khatak, B. Raj; On the pitting corrosion resistance of nitrogen alloyed cold worked austenitic stainless steels; Corrosion Science, Vol. 44, Issue 10 (2002), S.2183-2198.

[Nak14] D. Nakhaie, M.H. Moayed; Pitting corrosion of cold rolled solution treated 17-4 PH stainless steel; Corrosion Science, 80 (2014) S.290-298.

[New85] R. Newman; The dissolution and passivation kinetics of stainless alloys containing Molbdenum-II. Dissolution kinetics in artificial pits; Corrosion Science, Vol. 25, no. 5, S.341-350, (1985).

[Noh77] K. Nohara, Y. Ono, N. Ohashi; Composition and grain size dependence of strain induced martensitic transformation in metastable austenitic stainless steel; Testu-To-Hagane; J. Iron Steel Inst. Japan; Vol. 63 / 5, S.212-222, (1977).

[NN14] Stahl-Eisen-Prüfblatt, Allgemeines und Grundbegriffe; Verlag Stehleisen mbH Düsseldorf, S.1160-1169 (2014).

[Oka73] G. Okamoto; Passiv film of 18-8 stainless steel structure and its function; Corrosion Science 13, S.471, (1973).

[Oka75] G. Okamoto; The analysis of passive current noise of stainless steels under potentiostatic conditions with and without chloride ions; Japan-USA Symposium; Passivity and its breakdown of iron and iron-base alloys, Staehle, R.W.; Okuda, H., S.106-109 (1975).

[Oka13] M. Okayasu, H. Fukui, H. Ohfuji, T. Shiraishi;: Strain-induced martensite formation in austenitic stainless steel; Journal of Materials Science, September 2013, Vol. 48, Issue 18, S.6157-6166, (2013).

[Ols75] G.B. Olson, M. Cohen; Kinetics of strain induced martensite nucleation; Metallurgical Transactions, 6A, S.791-795, (1975).

[Ols03] C.-O.A. Olsson, D. Landolt; Passive films on stainless steels – chemistry, structure and growth; Electrochemicia Acta 48, S.1093-1104, (2003).

[Ols04] J. Olsson; Passivation treatment of stainless steel, acom – Corrosion management and application engineering magazine from Outokumpu Stainless 4; Avesta (2004).

[Oso79] K. Osozawa, N. Okato; Metallurgical factors for pit initiation in austenitic stainless steels; Proc. First Soviet-Japanese seminar on corrosion and protection of metals, Ya. M. Kolotyrkin ed., NAUKA Moskau, (1979), S.229.

[Pac15] W. Pacquentin, N. Caron, R. Oltra; Effect of microstructure and chemical composition on localized corrosion resistance of a AISI 304L stainless steel after nanopulsed-laser surface melting; Applied Surface Science, 356 (2015), S.561-573.

[Peg07] L. Peguet, B. Malki, B. Baroux; Influence of cold working on the pitting corrosion resistance of stainless steels; Corrosion Science, 49 (2007) S.1933-1948.

[Peg09] L. Peguet, B. Malki, B. Baroux; Effect of austenite stability on the pitting corrosion resistance of cold worked stainless steels; Corrosion Science, 51 (2009), S.493-498.

[Pic84] F.B. Pickering; Physical metallurgical development of stainless steels; Stainless Steels, (1984), S.2-28.

[Pou70] M. Pourbaix; Significane of Protection Potential in Pitting and Intergranular Corrosion; Corrosion 26(10), (1970), S.431-438.

[Rag09] V. Raghavan; Phase Diagram Evaluations. Section II: Cr-Fe-Ni (Chromium-Iron-Nickel); Journal of Phase Equilibria and Diffusion, Issue 30, No. 1, S.94-95, (2009).

[Ren86] M. Renner, U. Heubner, M.B. Rockel, E. Wallis; Temperature as a pitting and crevice corrosion criterion in the FeCl3 test; Werkstoffe und Korrosion 37, S.183-190 (1986).

[Ren16] Y. Ren, H. Zhao, W. Liu, K. Yang; Effect of cold deformation on pitting corrosion of 00Cr18Mn15Mo2N0.86 stainless steel for coronary stent application; Materials Science and Engineering: C, Vol. 60 (2016), S.293-297.

[Rho01] A.B. Rhouma, H. Sidhom, C. Braham, J. Lédion, M.E. Fitzpatrick; Effects of surface preparation on pitting resistance, residual stress, and stress corrosion cracking in austenitic stainless steels; Journal of Materials Engineering and Performance, Vol. 10, S.507-514, (2001).

[Ros17] P. Rosemann; Einfluss der Wärmebehandlung auf die Korrosionsbeständigkeit martensitischer nichtrostender Stähle; Dissertationsschrift an der Otto von Gericke Universität Magdeburg (2017).

[Ryo11] D.-Y. Ryoo, N. Kang, C.-Y. Kang; Effect of Ni content in the tensile properties and strain-induced martensite transformation for 304 stainless steel; Materials Science and Engineering A, Vol. 528 (2011), S.2277-2281.

[Sak91] M. Sakairi, A. Nishikata, T. Tsuru; The influence of sulfide inclusions on pit embryos in stainless steels; Corrosion Engineering; 40 (1991), S.221.

[Sas96] K. Sasaki and G. Burstein; The Generation of Surface Roughness during Slurry Erosion Corrosion and its effect on the pittng potential," Corrosion Science, Vol. 38, S.2111-2120, (1996).

[Sal92] G. Salvago, G. Fumagalli; The distribution of stainless steel breakdown potentials: Experimental, method and the effect of metallurgical conditions; Corrosion Science 33 (1992), S.985.

[Sat82] N. Sato; Anodic breakdown of passive films on metals; J. Electrochem. Soc. 129 (1982), S.255.

[Sch49] A.L. Schaeffler; Constitution Diagram for Stainless Steel Weld Metal; Metal Progress, American Societey for Metals, Cleveland, ISSN 0026-0665, Ohio (1949).

[Sch55] A.L. Schaeffler; Metal Progress 55, S.680 (1955).

[Sch68] K. Schwabe; Kinetik der Korrosion, Passivierung und Inhibition der Eisenmetalle; Corrosion Week, 41st Mannifestation of the European Fondation of Corrosion, Budapest, S738-757, (1968).

[Sch02] P. Schmuki; From Bacon to barriers: a review on the passivity of metals and alloys; J Solid State Electrochem 6: S.145-164 (2002).

[Sch77] H. Schumann, Neue Hütte, 22 (1977), S.296-297.

[Sch88] H. Schumann; Morphologie des α'-Martensits nach martensitischer γ→ε→α' Umwandlung; Neue Hütte, 33 (1988), S.321-324.

[See14] P. Seemann; Einfluss der Kaltumformung auf die Korrosionsbeständigkeit metastabiler austenitischer nichtrostender Stähle; Dissertation an der Rheinisch-Westfälischen Technischen Hochschule Aachen; (2014).

[SFB761] J. Appen, W. Bleck, S. Brühl, A. Saeed-Akbari, B. Wietbrock; Sonferforschungsbereich 761: Stahl ab initio: Quantenmechanisch geführtes Desing neuer Eisenbasiswerkstoffe; Jahresmagazin Ingenieurwissenschaften (2009), S. 132-134.

[Shi77] T. Shibata; T. Takeyama; Stochastic theory of pitting corrosion; Corrosion, 33 / 7; S.243-251; (1977).

[Ste78] R. Štefec, F. Franz; A study of the pitting corrosion of cold-worked stainless steel; Corrosion Science, Vol. 18, Issue 2 (1978), S.161-168.

[Ste83] K. Steffens; Thermomechanik des Schleifens; Dissertation an der Rheinisch-Westfälischen Technischen Hochschule Aachen; (1983).

[Sto88] L. Stockert; Metastabile Lochfrasskorrosion; Neue Erkenntnisse über Loch- und Spaltkorrosionsphänomene hochlegierter Stähle; Dissertation an der Eidgenössischen Technischen Hochschule Zürich, Dissertation Nr. 8632, (1988).

[Str92] R.G. Stringfellow; D.M. Parks, G.B. Olson: A constitutive model for transformation plasticity accompanying strain-induced martensitic transformations in metastable austenitic steels; Acta Metallurgica et Materialia, Vol. 40 (1992), No. 7, S.1703-1716.

[Sug85] K. Sugimoto, S. Matsuda, Y. Ogiware, K. Kitamura; Microscopic Ellipsometric Observation of the Change in Passive Film on 18Cr-8Ni Stainless Steel with the Initiation and Growth of Pit; J. Electrochem. Soc., S.132 (1985).

[Sur13] R. Surkialiabad, A. Hedayati and A. S. Alam; Monitoring of martensitic transformation in rolled 304L austenitic stainless steel by Eddy current method; e-Journal of Nondestructive Testing (eJNDT), Vol. 2, no. 10, S.1, (2013).

[Sut97] T.A. Sutter; Mikroelektrochemische Untersuchungen bei austenitischen „rostfreien" Stählen – Mestechnik, Lochinitiierung, Mikroelektrochemie an Schweissnähten; Dissertation an der Eidgenössichen technischen Hochschule Zürich; (1997).

[Soe99] O. Södberg, X.W. Liu, P.G. Yakovenko, K. Ullakko, V.K. Lindroos; Corrosion behaivour of Fe-Mn-Si based shape memory steels trained by cold rolling; Materials Science and Engineering A, Vol. 273-275 (1999), S.543-548.

[Tal04] J. Talonen, P. Apergen, H. Hänninen; Comparision of different methods for measuring strain induced α'-content in austenitic steels; Materials Science and Technology, Issue 20, S.1506-1512 (2004).

[Tal14] M. Talha, C.K. Behera, O.P. Sinha; In-vitro long term and electrochemical corrosion resistance of cold deformed nitrogen containing austenitic stainless steels in simulated body fluid; Materials Science and Engineering: C, Vol. 40 (2014), S.455-466.

[TIS16] TIS-GmbH Walzkörpertechnologie; Website abgerufen am 21.09.2016; http://www.tis-gmbh.info/kugeln/edelstahlkugeln/1-4301/.

[Tam82] I. Tamura; Deformation-induced martensitic transformation and transformation-induced plasticity in steels; Journal of Metal Science, Vol. 16, Issue 5; S. 245-253 (1982).

[Tom70] N.D. Tomashov, O.N. Markova, G.P. Chernova; The effect of grain size in austenitic steel 1Kh18N9T on its susceptibility to pitting corrosion; Zashchita Metallov 6 (1970), 21.

[Tur11] A. Turnbul, K. Mingard, J.D. Lord, B. Roebuck; Sensitivity of stress corrosion cracking of stainless steel to surface machining and grinding procedure; Corrosion Science 53; S.3398-3415, (2011).

[Wan12] L.J. Wang, L.Y. Sheng, C.M. Hong; Influence of grain boundary carbides on mechanical properties of high nitrogen austenitic stainless steel; Materials and Design, Vol. 37, S.349-355, (2012).

[Wan17] Q. Wang, B. Zhang, YX. Ren, K. Yang; Eliminating detrimental effect of cold working on pitting corrosion resistance in high nitrogen austenitic stainless steels; Corrosion Science, Vol. 123 (2017), S.351-355.

[Wei92] A. Weiß, H.-J. Eckstein: Der Einfluss äusserer Spannungen auf die spannungs- und verformungsinduzierte Martensitbildung in austenitischen und austenitisch-feritischen Cr-Ni-Stählen, Neue Hütte, Vol. 37 (1992), S.438-444.

[Wen36] R.N. Wenzel; Reistance of Solid Surfaces to Wetting by Water; Industrial and Engineering Chemistry, Nr. 8, (1936), S.988–994.

[Whi94] D. J. Whitehouse; Handbook of Surface Metrology; Institute of Physics Publishing, Bristol and Philadelphia, 1994, ISBN 0-7503-0039-6.

[Wil71] B.E. Wilde, E. Williams; The use of current/Voltage curves for the study of localized corrosion and passivity breakdown on stainless steels in chloride media; Electrochimica Acta, Vol. 16, Issue 11, (1971), S.1971–1985.

[Wil08] T. Wilke; Energieumsetzung und Gefügebeeinflussung beim Schleifhärten; Dissertation an Universität Bremen; (2008).

[Zho17] N. Zhou, R.L. Peng, R. Petterson; Surface characterization of austenitic stainless steel 304L after different grinding operations; International Journal of Mechanical and Materials Engineering (2017) Vol. 12, Issue 6.

[Zae04] S. Zaefferer;J. Ohlert; W. Bleck: A study of microstructure, transformation mechanisms and correlation between microstructure and mechanical properties of a low alloyed TRIP steel; In: Acta Materialia Vol. 52(2004), Nr. 9, S. 2765 – 2778.

Eigene Publikationen im Zusammenhang mit der vorgelegten Arbeit

[Hoe15] A. Hörtnagl, P. Gümpel; Influence of different surface conditions on the corrosion behavior of metastable austenite 304 with different degrees of deformation; NACE CORROSION - Dallas, Texas, USA (2015).

[Hoe17-1] A. Hörtnagl, P. Gümpel; Electrochemical characterization of metstable austenitic stainless steels to illustrate the influence of grinding parameters on the corrosion resistance; Conference Paper at NACE CORROSION (2017), New Orleans.

[Hoe17-2] A. Hörtnagl, K. Werner, M. Werschler, P. Gümpel; Erkennen von martensitischem Gefüge in metastabilen austenitsichen rostfreien Stählen: Möglichkeiten und Grenzen praxisorientierter Verfahren; 51. Metallographietagung, Aalen (2017).

[Hoe18] A. Hörtnagl; Grinding of metastable austenitic stainless steels and the influence on the corrosion resistance; Proceedings of the European Corrosion Congress, EUROCORR (2018), Krakau.

[Hoe19] A. Hörtnagl; Pitting Susceptibility of Metastable Austenitic Stainless Steels as a Function of Surface Conditions; Proceedings der 10th International European Stainless Steel; 6th European Duplex Stainless Steel Conference (2019).

Eigenbetreute und im Kontext zur Dissertation stehende studentische Abschlussarbeiten

[Ber14] P. Bernhard; Korrosionsbeständigkeit von rostfreiem Stahl 1.4301 unter dem Einfluss von ausgewählten Oberflächennachbehandlungen; Bachelorthesis an der HTWG Konstanz, (2014).

[Met14] M. Metzger; Einfluss der Oberflächengüte und der Auslagerung an der Lauft auf die Korrosion Rostfreier Stähle; Bachelorthesis an der Hochschule Konstanz, (2014).

[GaM15] A.M. García Muñoz; Pitting corrosion resistance of cold rolled austenitic stainless steel with grinded surfaces; Master Thesis an der HTWG Konstanz; (2015).

[Gra16] J. Grau; Vergleichende Untersuchung zu den Einsatzmöglichkeiten von „KorroPad“ als Methode zur Bestimmung der Korrosionsbeständigkeit an austenitischen rostfreien Stählen; Bachelor Thesis an der HTWG Konstanz (2016).

[Baj16] M. Bajerke; Korrosionsbeständigkeit von metastabilen austenitischen nichtrostenden Edelstählen mit maschinell geschliffenen Oberflächen -Untersuchung des Einflusses von Kornwerkstoff und Martensitgehalt; Bachelorthesis an der HTWG Konstanz (2016).

[Wer16] K. Werner; Untersuchung verschiedener Einflussgrößen der Martensitgehaltbe-stimmung mit dem FERITSCOPE MP30; Studienarbeit an der HTWG Konstanz; (2016).

[Qui17] P. Quintus; Qualifizierung von Oberflächenszuständen metastabiler austenitischer nichtrostender Edelstähle – Untersuchung des Einflusses von Schleifparametern auf die freie Oberflächenenergie der Werkstoffe 1.4301 sowie 1.4310; Bachelorthesis an der Hochschule Konstanz (2017).

Anhang A: Bezeichnungen

Symbole, Formelzeichen und ihre Einheiten

Symbol	*Erläuterung*	*Einheit*
a_e	Zustellung im Schleifprozess	mm
a_{ed}	Abrichtzustellung	µm
a_p	Eingriffsbreite der Schleifscheibe	mm
b_d	Wirkbreite des Abrichtwerkzeuges	mm
CCT	critical crevice temperature; dt. kritische Spaltkorrosionstemperatur	K, °C
CPT	critical pitting temperature / dt. kritische Lochfraß-temperatur	K, °C
CPP	critical pitting potential / dt. kritisches Lochfraßpotential	mV
d_s	Schleifscheibendurchmesser	mm
E_a	Aktivierungspotential	mV
E_m	metastabiles Lochfraßpotential	mV
E_{Pas}	Passivierungspotential	mV
E_{pit}	Lochfraßpotential	mV
E_r	Repassivierungspotential	mV
F_a	Axialkraft - parallel zur Schleifscheibenrotationsachse wirkend	N
f_{ad}	Axialvorschub des Abrichtwerkzeuges	mm
F_n	Normalkraft - radial auf die Schleifscheibe wirkend	N
f_{rd}	radialer Abrichtvorschub	µm
F_t	Tangentialkraft - in Umfangsrichtung der Schleifscheibe wirkend	N
i_{Gr}	Grenzstromdichte	mA/cm^2
i_p	Passivstromdichte	mA/cm^2

Symbol	*Erläuterung*	*Einheit*
l_g	geometrische Kontaktlänge für die Schleifscheibe im Eingriff	mm
min	Minuten	min
M_s	Martensitstarttemperatur	K / °C
M_d	Temperatur, unterhalb der es zur Bildung von verformungsinduziertem Martensit kommt	K / °C
M_{d30}	Temperatur bei der sich infolge einer Verformung von 30 % ein Phasenanteil von 50 % Martensit bildet	K / °C
n_s	Schleifscheibendrehzahl	1/min
n_s	Schleifscheibendrehzahl	1/min
OCP	open current potential; dt. Ruhepotential	mV
P_C	Schnittleistung	W
Q_w	Zeitspanvolumen für Plan-Umfangs-Längsschleifen	cm^3/min
Q'_w	Zeitspanvolumen bezogen auf Eingriffsbreite oder Schleifscheibenprofil	cm^3/(min·mm)
R_a	arithmetischer Mittenrauwert aus 2D-Messtechnik	µm
R_k	Kernrautiefe aus 2D-Messtechnik	µm
R_m	Zugfestigkeit	N/mm^2
R_{pk}	reduzierte Spitzenhöhe aus 2D-Messtechnik	µm
R_z	gemittelte Rautiefe aus 2D-Messtechnik	µm
RS_m	mittlere Rillenbreite aus 2D-Messtechnik	µm
R_{ts}	Schleifscheibenwirkrautiefe	µm
R_{vk}	reduzierte Riefentiefe aus 2D-Messtechnik	µm
s	Sekunde	s
S_{vk}	reduzierte Riefentiefe aus 3D-Messtechnik	µm
S_a	mittlere arithmetische Höhe	µm
SFE	Stapelfehlerenergie	mJ/m^2

Symbol	*Erläuterung*	*Einheit*
S_k	Kernrauheit aus 3D-Messtechnik	µm
S_{pk}	reduzierte Spitzenhöhe aus 3D-Messtechnik	µm
T_{AHP}	Aufheizrate der Randzone im Schleifkontakt	K/s
T_{AKP}	Abkühlrate der Randzone im Schleifkontakt	K/s
t_{halt}	Haltedauer der maximalen Temperatur im Schleif-kontakt	s
T_{max}	maximal erreichte Temperatur im Schleifkontakt	K / °C
T_{μ}	Schnitteinsatztiefe	µm
U_L	kritisches Lochfraßpotential	mV
v_c	Schnittgeschwindigkeit	m/s
v_{fad}	axiale Abrichtvorschubgeschwindigkeit des Abricht-werkzeuges	mm/s
v_{ft}	Vorschubgeschwindigkeit	m/s
v_s	Schleifumfangsgeschwindigkeit	m/s
v_w	Tischvorschubgeschwindigkeit	mm/min
α	α – Eisen (Martensit) / kubisch raumzentriert	-
ε	ε – Eisen (Martensit) / hexagonal dichteste Packung	-
ε_{geo}	Geometrischer Parameter zur Beschreibung der Ex-zentrizität einer Ellipse	-
ε_{gren}	Schneidenversatz-Grenzwinkel	°
γ	γ – Eisen (Austenit)	-
φ	Umformgrad	-
μ	Schnittkraftverhältnis	-

Abkürzungen

Symbol	*Erläuterung*	*Einheit*
AISI	American Iron and Steel Institute	-
ANS	austenitischer nichtrostender Stahl	-
Al_2O_3	Korund	-
BNC	Bayonet Neill Concelman	-
Bsp.	Beispiel	-
bzw.	Beziehungsweise	-
CBN	Kubisches-Bor-Nitrid	-
EIS	Elektrochemische Impedanzspektroskopie	-
EBSD	electron backscatter diffraction / dt. Elektronen-Rückstreubeugung	-
Fa.	Firma	-
ggf.	gegebenenfalls	-
hdp	Hexagonal-dichteste Packung	-
ISER	Informationsstelle Edelstahl Rostfrei	-
kfz	kubisch-flächenzentriert	-
krz	kubisch-raumzentriert	-
NaCl	Natriumchlorid	-
PREN	Pitting Resistance Equivalent Number	-
PSF	pitting Susceptibility facor / dt. Faktor für Lochfraß-empfindlichkeit	-
q	Geschwindigkeitsverhältnis im Schleifkorneingriff	-
q_d	Abrichtgeschwindigkeitsquotient	-
REM	Rasterelektronenmikroskop	-
RHEED	reflection high energy electron diffraction / dt. Reflexion Hochenergie-Elektronenbeugung	-
RWTH	Rheinisch-Westfälische Technische Hochschule	-

Symbol	*Erläuterung*	*Einheit*
SCE	standard calometer electrode / dt. Standard-Kalomel-Elektrode	-
SE	Sekundärelektronen	-
SHE	Standard hydrogen electrode / dt. Standard-Wasserstoffelektrode	-
SIV	Surface Imperfection Value	-
SiC	Siliziumkarbid	-
TRIP	Transformation Induced Plasticity / dt. umwandlungsbewirkte Plastizität	-
TWIP	Twinning Induced Plasticity / dt. Zwillingsbildung induzierte Plastizität	-
U_d	Abrichtüberdeckungsgrad / Überdeckungsgrad	-
u.v.a.m.	und viele andere mehr	-
vgl.	vergleiche	-
XPS	X-ray photoelectron spectroscopy / dt. Röntgenphotoelektronenspektroskopie	-

Anhang B: Abbildungsverzeichnis

Anhang C: Tabellenverzeichnis

Anhang D: Berechnungsgrundlagen Stapelfehlerenergie

Berechnungsgrundsätze der Stapelfehlerenergie

Bezeichnung	*Formel*	*Einheit*
$\gamma_{SFE,1}$	$\gamma_{SFE,1}$ = 17+2.29*(%Ni)-0.9*(%Cr)	mJ/m^2
$\gamma_{SFE,2}$	$\gamma_{SFE,2}$ = 1.2+1.4*(%Ni)+0.6*(Cr)-17.7(%MN)-44.7-(%Si)	mJ/m^2
$\gamma_{SFE,3}$	$\gamma_{SFE,3}$ = 4+1.8*(%Ni)-0.2*(%Cr)+415*(%C	mJ/m^2
$\gamma_{SFE,4}$	$\gamma_{SFE,4}$ = 34+1.4*(%Ni)-(Cr)-76*(%C)	mJ/m^2
$\gamma_{SFE,5}$	$\gamma_{SFE,5}$ = 34+2.2*(%Ni)-1.2*(%Cr)-13*(%Si	mJ/m^2
$\gamma_{SFE,6}$	$\gamma_{SFE,6}$ = 32+2.4*(%Ni)-1.3*(%Cr)-1.3*(%Mn)	mJ/m^2
$\gamma_{SFE,7}$	$\gamma_{SFE,7}$ = 53+6.2*(%Ni)+0.7*(%Cr)+3.2*(%Mn)+9.3*(%Mo)	mJ/m^2
$\gamma_{SFE,8}$	$\gamma_{SFE,8}$ = 25.7+2*(%Ni)+410*(%C)-0.9*(%Cr)-77*(%N)-13*(%Si)-1.2*(%Mn)	mJ/m^2

Tabelle 7: Empirische Berechnungsansätze zur Bestimmung der Stapelfehlerenergie SFE von nichtrostenden austenitischen Stählen [SFB761, See14]

Anhang E: Messwerte zur optischen Charakterisierung von Lochfraß

Werkstoff	Umformgrad	Oberflächen-bearbeitung Kornwerkstoff	Anzahl der Löcher (cm^{-2})	Gemessene Ausdehnung (µm) Längs	Quer	Tiefe	Berechnete Kenngrößen Fläche Löcher (10^3 μm^2)	Exzentrizität Öffnung
1.4301 / AISI 304	0	SiC	1.4 ± 0.2	321 ± 92	301 ± 32	55 ± 10	106 ± 29	0.35 ± 0.03
1.4301 / AISI 304	0.3	SiC	1.2 ± 0.1	307 ± 34	331 ± 46	45 ± 12	96 ± 19	0.37 ± 0.04
1.4301 / AISI 304	0.6	SiC	1.0 ± 0.0	303 ± 42	282 ± 31	46 ± 14	67 ± 18	0.36 ± 0.18
1.4301 / AISI 304	0	Al_2O_3	1.1 ± 0.1	282 ± 52	191 ± 43	53 ± 8	47 ± 18	0.74 ± 0.22
1.4301 / AISI 304	0.3	Al_2O_3	1.8 ± 0.6	252 ± 63	107 ± 56	56 ± 10	38 ± 35	0.91 ± 0.25
1.4301 / AISI 304	0.5	Al_2O_3	1.4 ± 0.4	250 ± 41	148 ± 82	123 ± 28	41 ± 94	0.80 ± 0.31
1.4310 / AISI 301	0	SiC	1.4 ± 0.2	238 ± 42	242 ± 57	56 ± 12	63 ± 42	0.18 ± 0.02
1.4310 / AISI 301	0.3	SiC	1.2 ± 0.1	192 ± 48	182 ± 60	42 ± 8	33 ± 23	0.31 ± 0.18
1.4310 / AISI 301	0.5	SiC	1.4 ± 0.4	212 ± 51	218 ± 21	43 ± 11	51 ± 15	0.23 ± 0.08
1.4310 / AISI 301	0	Al_2O_3	1.2 ± 0.1	282 ± 24	191 ± 25	41 ± 12	51 ± 7	0.74 ± 0.30
1.4310 / AISI 301	0.3	Al_2O_3	1.6 ± 0.3	188 ± 39	164 ± 46	43 ± 14	39 ± 25	0.49 ± 0.22
1.4310 / AISI 301	0.6	Al_2O_3	2.4 ± 0.4	263 ± 55	119 ± 32	37 ± 22	59 ± 39	0.89 ± 0.41

Tabelle 8: Häufigkeit, Größe und Volumen der infolge der anodischen Polarisation zur Bestimmung des kritischen Lochfraßpotentials erzeugten stabilen Löcher in der Probenoberfläche für labortechnisch erzeugte Oberflächen unter Anwendung eines Acetatpuffer mit pH 4,5 und 0,08 mol/l NaCl

Werkstoff	Umformgrad	Oberflächen-bearbeitung Kornwerkstoff	Anzahl der Löcher (cm^{-2})	Gemessene Ausdehnung (µm) Längs	Quer	Tiefe	Berechnete Kenngrößen Fläche Löcher (10^3 μm^2)	Exzentrizität Öffnung
1.4301 / AISI 304	0	metallographischer Nassschliff	2.4 ± 0.3	157 ± 41	155 ± 31	72 ± 10	46 ± 29	0.16 ± 0.02
1.4301 / AISI 304	0.3	metallographischer Nassschliff	3.1 ± 1.6	163 ± 34	179 ± 44	75 ± 12	71 ± 19	0.41 ± 0.11
1.4301 / AISI 304	0.6	metallographischer Nassschliff	2.9 ± 1.2	162 ± 18	171 ± 33	65 ± 14	63 ± 18	0.32 ± 0.16
1.4301 / AISI 304	0	metallographisch poliert	4.2 ± 2.2	172 ± 22	168 ± 43	55 ± 8	95 ± 18	0.21 ± 0.20
1.4301 / AISI 304	0.3	metallographisch poliert	3.1 ± 2.8	188 ± 13	178 ± 22	48 ± 10	81 ± 35	0.32 ± 0.18
1.4301 / AISI 304	0.6	metallographisch poliert	2.8 ± 1.7	201 ± 30	192 ± 36	48 ± 28	85 ± 94	0.30 ± 0.22
1.4301 / AISI 304	0	elektropoliert	2.5 ± 2.1	173 ± 41	181 ± 51	42 ± 12	61 ± 42	0.29 ± 0.16
1.4301 / AISI 304	0.3	elektropoliert	3.2 ± 2.4	196 ± 22	201 ± 36	42 ± 8	99 ± 23	0.22 ± 0.09
1.4301 / AISI 304	0.6	elektropoliert	2.7 ± 2.2	168 ± 18	172 ± 21	43 ± 11	61 ± 15	0.21 ± 0.10
1.4310 / AISI 301	0	metallographischer Nassschliff	2.8 ± 1.9	199 ± 15	203 ± 25	41 ± 12	89 ± 7	0.20 ± 0.16
1.4310 / AISI 301	0.3	metallographischer Nassschliff	1.6 ± 0.6	281 ± 39	310 ± 46	39 ± 14	109 ± 25	0.42 ± 0.18
1.4310 / AISI 301	0.6	metallographischer Nassschliff	2.4 ± 1.6	201 ± 55	187 ± 47	40 ± 22	71 ± 39	0.37 ± 0.22
1.4310 / AISI 301	0	metallographisch poliert	3.6 ± 1.8	185 ± 26	179 ± 38	41 ± 12	94 ± 7	0.25 ± 0.18
1.4310 / AISI 301	0.3	metallographisch poliert	3.9 ± 2.8	152 ± 44	146 ± 41	42 ± 14	68 ± 25	0.28 ± 0.23
1.4310 / AISI 301	0.6	metallographisch poliert	5.6 ± 3.3	124 ± 34	128 ± 28	59 ± 22	70 ± 39	0.25 ± 0.19
1.4310 / AISI 301	0	elektropoliert	3.6 ± 2.6	165 ± 22	167 ± 25	47 ± 22	78 ± 7	0.15 ± 0.12
1.4310 / AISI 301	0.3	elektropoliert	2.8 ± 2.2	155 ± 12	152 ± 22	55 ± 18	52 ± 25	0.20 ± 0.16
1.4310 / AISI 301	0.6	elektropoliert	5.1 ± 3.6	124 ± 41	123 ± 32	82 ± 31	61 ± 39	0.13 ± 0.10

Tabelle 9: Häufigkeit, Größe und Volumen der infolge der anodischen Polarisation zur Bestimmung des kritischen Lochfraßpotentials erzeugten stabilen Löcher in der Probenoberfläche für industriell erzeugte Oberflächen unter Anwendung eines Acetatpuffer mit pH 4,5 und 0,08 mol/l NaCl